月季盆景
制作与养护

YUEJI PENJING ZHIZUO YU YANGHU

兑宝峰　编著

U0199178

中国林业出版社
·北　京·

图书在版编目(CIP)数据

月季盆景制作与养护 / 兑宝峰编著 . -- 北京 : 中国林业出版社 , 2021.1
ISBN 978-7-5219-1000-1

Ⅰ . ①月… Ⅱ . ①兑… Ⅲ . ①月季—盆景—观赏园艺
Ⅳ . ① S685.12

中国版本图书馆 CIP 数据核字 (2021) 第 021393 号

责任编辑 张 华
出版发行 中国林业出版社
（北京市西城区德内大街刘海胡同 7 号）
邮 编 100009
电 话 （010）83143566
印 刷 北京博海升彩色印刷有限公司
版 次 2021 年 2 月第 1 版
印 次 2021 年 2 月第 1 次
开 本 710mm × 1000mm 1/16
印 张 15
字 数 320 千字
定 价 69.00 元

未经许可，不得以任何方式复制或抄袭本书的部分或全部内容。

版权所有 侵权必究

前 言

PREFACE

月季，是世界性名花儿，其品种繁多，文化底蕴丰厚，深受各国人民的喜爱，有“花中皇后”之美誉。同时，月季也是最大众的花儿，无论原野乡村还是繁华都市，无论农家小院还是豪宅别墅，一样绽放，一样弄色。其璀璨的色彩、优美的花型、醉人的馨香、动人的神韵，使无数人为之折腰。古人用“花开花落无间断，春来春去不相关”“天下风流月季花”等诗句来赞美月季花。

我陶醉于月季的绚丽多彩，也欣赏盆景的意境深远。月季盆景，是自然美与艺术美的融合，是大自然精华的浓缩，也是大自然的艺术化再现。其生动优美、意趣盎然的造型，是传统与时尚的结合。造型优美的月季盆景进一步提高了月季花的艺术魅力和观赏价值，使月季这一大众花卉，以艺术的形式走进人们的视野，成为美化家居环境、打发闲暇时光、陶冶情操的宠儿。

本书中未署名图片均为郑州市园林局举办的历届月季花展中的展品，由兑宝峰拍摄。在编写过程中得到了郑州植物园、郑州市碧沙岗公园、郑州市绿城广场、郑州市月季公园、敲香斋花店以及刘少红、王嵩岳、王小军、王鸽、张敏、程习武、闫志军、计燕、王霞（以上排名不分先后）等朋友的大力支持。特表示感谢！

水平有限，付梓仓促，错误难免，欢迎指正！

兑宝峰

2020年8月

目 录

CONTENTS

北京纳波湾园艺有限公司 提供

【认知篇】

月季盆景制作与养护

月季　花中之皇后

“不逐群芳更代谢，一生享用四时春。”这是南宋·史弥宁对月季的赞美。

月季，是我国的传统名花，其品种繁多，花色绚丽多彩，花型丰富而优美，气味芳香馥郁，有“花中皇后”之美誉。人们种植月季，赞美月季，并形成了辉煌灿烂的月季文化。在不少国家，月季已经渗透到生活的方方面面。其优美的花姿、厚重的文化、悠久的栽培历史，深受世人喜爱，使月季成为跨越国界、跨越种族的世界性名花。

现代广泛栽培的月季是从蔷薇中选育出来的人工物种，在大自然中没有野生群落分布。相传在我国远古的神农时代就对蔷薇进行人工栽培，到了汉代更是广泛种植于宫廷的花园里，据《贾氏说林》记载：汉武帝与其爱妃丽娟在园中赏花，

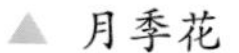

▲ 月季花

▲ 蔷薇花

▲《占尽风采》。腰，被占尽风采的花朵压弯了，却没倒下，依然奋力支撑着，其甘为人梯的奉献精神令人赞叹

▼《春韵》。玲珑精巧，以小见大，表现出春天的韵味

正值蔷薇花欲放，其神态似含微笑。汉武帝赞叹说："此花绝胜佳人笑也。"丽娟戏问道："笑可以买吗？"武帝回答说："可以。"于是丽娟就取出黄金百两，作为买笑钱，让武帝尽一日之欢。至今还有人把蔷薇花称为"买笑花"。

根据文献记载，可以确定的是在南北朝时期，蔷薇已经普遍栽培，宋代的《太平寰宇记》载："梁武帝竹林堂中，多种蔷薇"。当时不少诗人都有写蔷薇的诗词传世，像柳恽、萧纲、萧绎、谢朓、王褒、刘缓等。在考古物证中，唐代建筑构件上就有蔷薇式样的花纹图形，李白、白居易、元稹、孟郊、李商隐等诗人都写过咏蔷薇的佳作。

月季，因月月季季花落花开、荏苒相连的开花习性而得名，生长期内能够多次连续开花是月季的最重要特性。"月季"一词最早出现在北宋人宋祈的《益部方物略记》："花亘四时，月一披秀，寒暑不改，似固常守。右月季花，此花即东方所谓四季花者，翠蔓红花。蜀少霜雪，此花得终岁，十二月辄一开。"其中的"花亘四时"是说一年四季均能开花，"月一披秀"是指每月都可开花，这可能是月季花名称的由来，也是关于月季开花习性的最早文字记载。在宋代还形成了月季文化，以月季为题材的诗词、绘画作品大量涌现。

到了明清时代，月季花已在民间广为种植，据明代王象晋在《群芳谱》记载："月季花一名长春花，一名月月红，一名斗雪红，一名胜春，一名瘦客。灌木，处处有，人家多栽插之。青茎长蔓，叶小于蔷薇，茎与叶具有刺。……逐月一开，四时不绝，花千叶厚瓣，亦蔷薇之类。"由此可见，我国古代就把月季列为蔷薇之类了。清代的陈传绰还编著了一本《月季群芳谱》，书里记载月季品种百余个。

月季在我国有着丰厚的文化底蕴，深受文人、画家的青睐。宋末元初的钱选，明代的陈老莲、周之冕，清代的郎世宁、钱维诚等书画名家的作品中都曾出现过月季花。而咏颂月季花的诗词也不在少数，比较有影响力的有：

月季

北宋·苏轼

花开花落无间断，春来春去不相关。
牡丹最贵惟春晚，芍药花繁只夏初。
惟有此花开不厌，一年长占四时春。

月季花

北宋·韩琦

牡丹殊绝委春风，露菊萧疏怨晚丛。
何似此花荣艳足，四时长放浅深红。

▲ 月季

腊前月季

南宋·杨万里

只道花无十日红，此花无日不春风。
一尖已剥胭脂笔，四破犹包翡翠茸。
别有香超桃李外，更同梅斗雪霜中。
折来喜作新年看，忘却今晨是季冬。

月季花

明·刘绘

绿刺含烟郁，红苞逐月开。
朝华抽曲沼，夕蕊压芳台。
能斗霜前菊，还迎雪里梅。
踏歌春岸上，几度醉金杯。

据《中国植物志》记载，中国有月季花（*Rosa chinensis*）、香水月季（*Rosa odorata*）、亮叶月季（*Rosa lucidissima*）等3个组群，其中包括紫月季花、单瓣月季花、绿萼、小月季、大花香水月季、粉红香水月季、橘黄香水月季等变种和园艺杂交种。中国月季为世界各国广为引种栽培，并培育出大量的园艺种。为世界月季贡献了灌木状树形、多次开花、大花、茶香、淡黄色、红色等重要基因。

▲ 月季花

欧洲在18世纪以前漫长的岁月里，蔷薇属植物的栽培种只有法国蔷薇（*Rosa gallica*）、狗蔷薇（*Rosa canina*）、麝香蔷薇（*Rosa moschata*）、腺果蔷薇（*Rosa fedtschenkoana*）、突厥蔷薇（*Rosa damascena*）等几种，它们之间相互杂交，选育出了大马士革玫瑰、白蔷薇、百叶蔷薇、苔蔷薇、波特兰月季等大约100个品种。其中大多数种类只在每年春夏之交开一次花，即便是像波特兰月季系列品种有一定的复花性，但并不稳定，仅仅是每年的春夏之交大量开花后，在其他季节有零星的花朵开放或在秋季再开一次花，而不是像中国月季那样在生长季节持续不断地开花。

据中国的月季夫人蒋恩钿考证，18世纪初英国植物学家胡姆爵士在广州郊区花地将‘月月红’（斯氏中国朱红）、‘月月粉’（柏氏中国粉）、帕氏淡黄香水月季（中国黄色茶香月季）、休氏粉晕香水月季（中国绯红茶香月季）等4种中国原产月季通过海上丝绸之路，经印度带回欧洲。当时英、法两国正在交战，为了确保珍贵的中国月季能安全地途经英国传入法国，双方海军竟同意安排短时间的停战，由英国派船护送中国月季渡过英吉利海峡，安抵法国，在拿破仑一世的妻子约瑟芬皇后的玛尔梅森月季园中落户。这就是著名的“玫瑰停战”事件。

中国月季连续不断从新枝上开花、整个植株在生长季节不断开花等特点，让欧洲的园艺界大为惊叹。欧洲的园艺工作者用法国蔷薇、狗蔷薇、白蔷薇、百叶蔷薇、巨花蔷薇、突厥蔷薇等蔷薇属植物与中国月季反复杂交、选种，终于在1867年培育出一种叫‘啊，法兰西’（也译作天地开或新天地）的杂交茶香月季新品种。该品种的出现标志着现代月季的诞生，给月季的品种带来了根本性的变化，经过100多年的不断育种，形成了现代月季的庞大品系，其品种在3万个以上，每年还有大量的新品种问世。

▲《醉香图》。嶙峋的树身是岁月留下的痕迹，娇艳的花朵芬芳四溢，二者的结合，彰显着生命之美

◀《争艳》。倾斜的树干，富有动感，满树红花，群芳争艳，热热闹闹，红红火火

春，从壶中溢出，是那么得美

月季的生物学特征

月季在生物学中为植物界被子植物门双子叶植物纲蔷薇目蔷薇科（Rosaceae）蔷薇属（*Rosa*）落叶或半常绿、常绿灌木。月季是由蔷薇演变而来的，当前，学术界普遍认为最早的蔷薇出现于喜马拉雅山和现在的蒙古哈拉和林，在喜马拉雅山脉发现的长尖叶蔷薇可能是月季的起源。

月季的株型

月季呈灌木状株型，植株具丛生性。根据类型的不同，枝条或直立向上生长，呈直生型；或向外侧生长，呈扩张型；或藤蔓状依附他物向上生长，呈攀缘型。其高度既有不超过25厘米的矮生型，又有长达10米乃至更长的藤蔓型。

▲ 不同类型的月季

月季的根

月季的新根呈白色，老根为棕褐色，播种繁殖的实生株有明显的主根、侧根、细根，扦插或其他无性繁殖的植株的根系多为不定根，有着发达的须根。根的主要作用是支撑植株，吸收水分和养分。在盆景造型中，将部分根系提出土面，可使作品苍劲古雅，富有大自然野趣。

月季的茎

月季初生的嫩茎紫红色或绿色，嫩叶展平后变为绿色，当年生枝青绿色，表皮光滑，有光泽。多年生老枝表皮粗糙，灰白色或灰褐色、棕褐色。月季的茎有着支持叶片、花、果，输导、贮藏水分和无机盐的作用，并能进行光合作用，也可用来繁殖。茎是盆景造型的重要部分，就月季盆景而言，要求其茎节相对较短、柔韧性好，以便于造型。

▲ 根的旋律。繁茂的枝叶，离不开根的抚育，根是这一切的根本

▲ 月季的茎枝

▲ 月季的新芽

▲ 虽经历了岁月的沧桑，花依旧很美

月季的刺

除个别品种外，大多数品种的月季茎上均生有短粗的三角形钩状皮刺，新刺暗红色或绿色，老刺灰褐色、棕褐色、灰白色，刺的大小、形状、疏密程度因品种而异。刺是植物缓慢进化适应环境的产物，在野生环境下可以避免被动物践踏、啃食。

月季的叶

月季的叶互生，由3~7（9）枚小叶组成奇数羽状复叶，连同叶柄长5~11厘米，托叶有腺毛（腺毛比蔷薇短），小叶宽卵形至卵状长圆形，长2.5~6厘米，宽1~3厘米，先端长渐尖或渐尖，基部近圆形或宽楔形，叶缘有锐锯齿，两面近无毛，叶面平滑具光泽，或粗糙无光，叶色暗绿或翠绿，背面颜色稍浅，有些品种的新芽、新叶呈紫红色。叶是植物的营养器官之一，具有进行光合作用、呼吸作用、蒸散作用，能够吸收二氧化碳，合成养分，蒸腾多余的水分，释放氧气，也能吸收养分和水分。制作盆景，宜选择叶片相对较小的月季品种，如此，才能以小见大，表现大树的风采。日常养护中，可向叶片（包括叶面和叶背）喷水及磷酸二氢钾之类的速效液肥，供植株吸收。

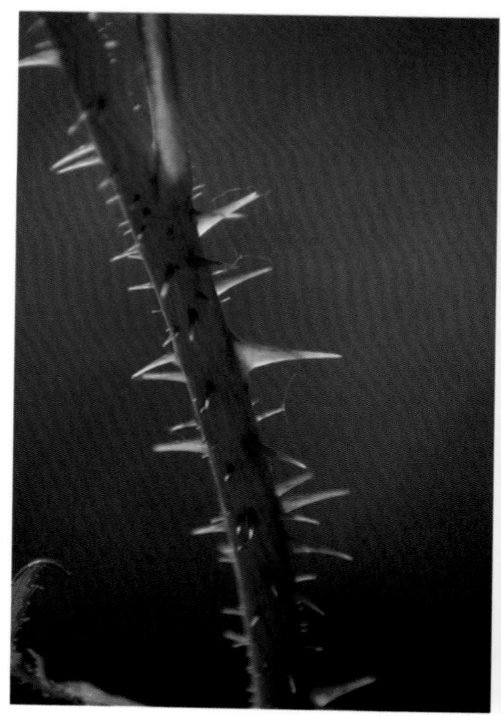

▲ 月季的新刺

▲ 月季的新叶

▲ 两位白发老叟，是否在回忆自己曾经的花季？（北京纳波湾园艺有限公司 提供）

▲ 满目苍翠，绿得令人陶醉

月季的花

花是植物的生殖器官，艳丽的颜色和芬芳的气味是为了吸引昆虫为其传粉。月季的花单生或数朵丛生于枝顶，花梗无毛或有腺毛，萼片卵形，先端尾状渐尖，有时呈叶状，边缘常用羽状裂片，稀全缘，外面无毛，内面密被长柔毛。

在长期的栽培过程中，经过反复的杂交选育，月季的花型、花色都较原始种有了翻天覆地的变化。仅花蕾就有球形、壶形、卵形、笔尖形等形状。而花型更是千姿百态，异常丰富，主要有杯状、盘状、露心、多角状、坛状、球状、莲座状、四联状、蜂窝状、高中心状、高心翘角、高心卷边、高心平瓣、平瓣杯状、平瓣盘状、开心型、康乃馨型、茶花型、牡丹型等多种类型。并有单瓣（5~10枚花瓣）、半重瓣（10~20枚花瓣）、重瓣（20~60枚花瓣）、千重瓣（超过60枚花瓣）之分。花色有白色系、黄色系、粉色系、橙色系、红色系、墨红系、蓝紫系、缘心双色系、表里双色系、混色系等10个系。具体颜色有纯白、浅粉、深粉、红色、杏黄、橙黄、柠檬黄、浅绿和接近黑色的紫红、深红以及镶边、洒金等复色，有些品种花瓣上还有天鹅绒、丝绸般的光泽。还有些品种会变色，初开时呈现出一种颜色，盛开时是一种颜色，即将凋谢时则又是一种颜色，单个植株上因花朵的开放时间不一样，会呈现出不同的颜色，像微型月季中的‘婴儿假面舞会’（俗称‘小五彩’，Baby Masquerade）、‘躲躲藏藏’、‘烟花波浪’等品种。花朵从直径1厘米左右的微型种到10厘米以上的大型品种应有尽有。不少品种还有迷人的芳香，气味有麝香、蜂蜜香、柠檬香、辛香、茶香等，其香味特征因花龄长短、浓度、空气湿度与每个人鼻子对气味的敏感程度不同而发生变化。

能够反复多次开花是月季的重要特性，因此月季在人工栽培的环境中可在任何时候开放，而不受季节的限制。

▲ 初绽

▲ 微型月季

▲ 月季的花

▲ 破旧的瓦盆，掩盖不住它的美

▲ 月季的果实

月季的果

月季的果实为肉质蔷薇果，呈球形或长椭圆形，成熟后橙黄色或橙红色，顶部自然口裂开，果肉内含褐色瘦种子5~13枚。果实的主要作用是保护种子，使种子能够成熟，以繁殖下一代，延续种群的基因。

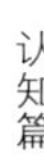

▲ 微型月季盆景。根是本，是源。若无根，再美丽的花朵也会枯萎

▲ 细弱的身躯，支撑着硕大的花朵，这是爱的奉献

▲ 枯木逢春，青枝绿叶间含苞欲放的花蕾，表现出生命大美

▲ 双色月季盆景。容颜是会随着时间而变的。变色，也是月季的一种技能

月季的分类

月季是一个亲缘关系极为复杂的植物种群，类型与类型之间，品种与品种之间，野生种与人工杂交种之间，相互渗透、交叉，甚至重叠。在灿若星河的月季品种中，月季专家总结出它们之间的异同点、亲缘关系、形态形状等，最终建立并形成几大月季分类模型，这几大类型虽然出自不同年代，不同国家，但大同小异。目前，我国应用的是美国月季协会制定的关于不同月季类型的划分标准，这也是世界上大多数国家采用的标准。

按园艺学划分，月季可分为古老月季和现代月季两大类。

古老月季

是指1867年以前栽培的月季品种。具有代表性的有中国古老月季及其变种、波旁月季、波特兰月季、偌塞特月季、香水月季以等。具体有‘紫燕飞舞’‘月月红’‘粉妆楼’‘紫香绒’‘紫荷’‘春水绿波’‘赤龙含珠’‘月月粉’‘金瓯泛绿’‘软香红’‘万家灯火’‘白天鹅’‘绿萼’等中国古老月季品种，以及‘保罗内龙（牡丹月季）’‘黄铜芙蓉’‘蝴蝶月季’‘卡里叶夫人’‘哈迪夫人’‘第戎的荣耀’‘马美逊的回忆’等欧洲古老月季品种。

‘绿萼’（帝君袍）是中国古老月季的一个变种，其绿色花朵完全由萼片组成，虽然不是很美丽，但稀少奇特，是月季中的珍贵品种。‘绿萼’的株型不大，叶子小巧，花朵玲珑，常用于制作微型盆景。

▲ ‘绿萼’

▲ ‘绿萼’盆景。绿色的草，绿色的枝，绿色的叶，绿色的花，满眼的苍翠令人赏心悦目

现代月季

是指1867年以后栽培的月季品种，血缘关系十分复杂。能持续不断地开花是现代月季一个重要特征，它由中国月季、欧洲的蔷薇等多种蔷薇属植物反复杂交而成，其原种推测为150~200个，包括中国的月月红、帕氏淡黄香水月季在内的8种月季是其源头。

现代月季根据杂交亲本与生育形状，主要分为杂种茶香月季（HT系）、丰花月季（F或Fl系）、微型月季（Min系）、藤本月季（Cl系）、壮花月季（Gr）、灌木月季（S）等几种类型。

杂种茶香月季 是构成现代月季的主体，是现代月季中最重要的组成部分，其品种在1.5万个左右，约占现代月季的一半。具有花朵硕大、开花艳丽、反复开花等优良习性。因其植株高大，常用于制作大中型盆景。

杂种茶香月季的树形美观匀称，健壮高大，枝条也较为粗壮，总体来说，刺体密度一般。叶片具光泽、半光泽或无光泽，较为平整，通常小叶3~5枚。花色丰富。几乎囊括了花卉中所有的颜色，花形则有平盘、裂心、高心、开心、莲座、球形等十几种。香味具有柠檬香、苹果香、甜香以及复合香等十几种。品种有‘绯扇’‘和平’‘梅朗随想曲’‘彩云’‘红双喜’‘大奖章’‘摩纳哥公主’等。

▲ 杂种茶香月季

▲《争春》。有生命就有竞争，奋力向上，将美丽释放

丰花月季　也叫聚花月季，植株呈矮灌木状，多分枝，株型紧凑，高40~150厘米，花中型，直径5厘米左右，花朵数量多，成束开放，其花型、花色都十分丰富，继承了杂种茶香月季几乎所有的花型和反复开花的优良习性。但在香味方面，绝大多数品种不及杂种茶香月季。品种有‘冰山’‘金玛丽’‘同情’‘金色捧花’等。

▲ 丰花月季

壮花月季　是杂种茶香月季与丰花月季的杂交种，融合了二者的优点，具有株型紧凑、生长旺盛、花聚生、花朵较大、耐寒能力和抗病能力强等特点。

微型月季　也称小月季、迷你月季，是盆景中最为常用的月季类型。其成株高度30~40厘米，一般不超过50厘米，经过修剪等控形措施，会使植株更加矮小。其枝条纤细而密集，刺体有疏有密，平均密度一般。花径平均3厘米或更小，其浓香型品种罕见，不香型或淡香居多。微型月季尽管花朵不大，但几乎囊括了丰花月季所有的花型和花色；微型月季同样也遗传了杂种茶香月季的基因。是丰花月季和杂种茶香月季的微缩版。

微型月季的鼻祖源自中国的‘月月粉’‘月月红’‘小月季’，是18世纪被引入欧洲后，与欧洲本土月季及野生蔷薇等进行一系列杂交而产生，至今已培育出上千个品种。来自中国的小月季是其祖先，主要品种有‘金太阳’‘太阳姑娘’‘法国小姐’‘紫色时代’‘斯文尼’‘绿冰’‘香姬’‘中国柑橘’‘最高标志’‘小杰克’‘躲躲藏藏’‘彩虹’‘小女孩’‘草裙舞女’等。微型月季植株矮小，叶片细小，花朵不大，常用于制作微型或小型盆景。

▲ 微型月季

▲ 微型月季盆景。随意间，表现出大自然的野趣

藤本月季 也称攀缘月季，植株高大健壮，高度在2米以上，无论骨干枝还是侧分枝，都有着较强的抽生能力，而且强健粗壮，花色几乎囊括了杂种茶香月季的所有花色，花瓣则有高心、平盘、裂心、开心、莲座、球形等十几种，花朵单生或簇生，形成大而密集的花束。

欧月 是对欧洲月季的简称。其花型较为特殊，既不同于现代月季，也有别于古老月季。经典花型是花朵整体呈浑圆状，随着逐渐开放外瓣边缘呈盆沿状，逐步向内层层叠叠扭曲密集，而心瓣更加扭曲凌乱，花朵在整个绽放过程中始终保持平头，酷似一刀切口的包心菜，故称包心菜花型。其实包括世界月季联合会在内的任何国际专业组织或机构都没有将某个类型的月季命名为“欧洲月季”，因此，“欧月”一词只是流行于花卉爱好者和市场上，而学术界并没有“欧月”的说法。

月季按栽培类型分为盆栽月季、庭院月季、地被月季、树状月季、切花月季等类型。其中树状月季是用木香、蔷薇等植物等老桩作砧木，嫁接杂种茶香月季、丰花月季等花朵较大的月季品种而形成的，并非月季所固有的自然形态，其植株有明显的主干，形似一棵树，“树状月季”之名也因此而得。还可用蔷薇或2~3年生的月季作砧木，以微型月季作接穗，嫁接微型树状月季，用于盆栽观赏。

▲ 藤本月季

▲ 欧月

▲ 盆栽树状月季

▲ 树状月季

玫瑰　蔷薇　木香

蔷薇属植物约有200个原始种，广泛分布于亚洲、欧洲、北非、北美各洲的寒温带至亚热带地区，我国产82种。此外，还有着大量的变种、园艺种。其中玫瑰、蔷薇与月季形态近似，被称为“蔷薇三姐妹”，很容易弄混，而把月季称为玫瑰、把蔷薇当作月季的现象更是屡见不鲜。像花市、花店里出售的所谓“玫瑰”全都是现代月季；花市上的“钻石玫瑰”“袖珍玫瑰”“迷你玫瑰”也是月季中的微型品种。它们虽然有玫瑰的血统，但并不是真正植物学上的玫瑰。

木香花的老桩古雅苍劲，常用作砧木，嫁接月季制作盆景。前文对月季已做了较为详细的介绍，这里重点介绍一下玫瑰与蔷薇、木香花。

▲ 被当作玫瑰出售的月季

TIPS

为什么要用月季代替玫瑰呢?

我们知道“Rosa”一词，在英语中是蔷薇科蔷薇属植物的统称，其属内的月季、玫瑰、蔷薇等都可以用“Rosa”表示，因此所有的蔷薇属植物都可以称为蔷薇。但要根据各自特点或产地加上限定词，像China rosa称为中国蔷薇，Rugosa rosa称为皱叶蔷薇（玫瑰）。

在国人的认知中，这三者之中玫瑰的名气最大，也最受人们喜爱，于是我国港台地区及新加坡等地就把“Rosa”翻译成玫瑰，但真正的玫瑰由于刺多、花小、花形和花色都较为单一、花期短，而被花枝挺拔、无刺或少刺、花色丰富且四季都能开花的现代月季所取代而广泛地用于各种社交场合，于是人们就用“玫瑰”之名称呼月季。国内沿用其称谓，在一些场合也把月季称为玫瑰。

▲ 被当作“红玫瑰”的切花月季

玫瑰 *Rosa rugosa*

玫瑰又名徘徊花、刺玫花、皱叶蔷薇。直立灌木，高可达2米；茎粗壮，直立，丛生；小枝密被茸毛，并有针刺和腺毛，有直立或弯曲、淡黄色的皮刺，皮刺外被茸毛。小叶5~9枚，小叶片椭圆形或椭圆状倒卵形，边缘有尖锐锯齿，上面深绿色，无毛，叶脉下陷，有褶皱，下面灰绿色，中脉突起，网脉明显，密被茸毛和腺毛，有时腺毛不明显。花或单生于叶腋，或数朵簇生，苞片卵形，边缘有腺毛，外被茸毛；花瓣倒卵形，单瓣、重瓣至半重瓣，芳香，紫红色至白色。果扁球形，直径2~2.5厘米，砖红色，肉质，平滑，萼片宿存。花期5~6月，果期8~9月。

园艺种‘紫枝玫瑰’，由山刺玫与玫瑰杂交而成。其当年抽生枝霜降后呈亮紫红色；叶质薄，近纸质，叶背有白霜。萼筒较为狭窄，花色有紫红、粉红、粉白，其中粉红色花又有单瓣花、重瓣花之分，具有多花性，除暮春开花外，夏秋季节可持续不断地开花，但花量较少。

由于玫瑰的造型性差，而且花期短、花色单一、刺多，不易造型，几乎没有用其制作盆景的，花市上出售的玫瑰盆景实为月季。但由于玫瑰香气浓郁，常大面积栽培，用于提取芳香油、制作香水、化妆品或作香料、供药用。花瓣可以制作鲜花饼、玫瑰酒、玫瑰糖浆；花瓣、花蕾干制后可泡茶饮用，对肝、胃气痛、胸腹胀满、月经不调有缓解作用。

▲ 单瓣玫瑰

▲ 玫瑰花

▲ 白玫瑰

▲ 玫瑰的果实

蔷薇 *Rosa* sp.

俗称刺玫、刺梅、刺蘼、墙蘼。从广义上说，所有的蔷薇属植物都可以称为蔷薇。而狭义上的蔷薇是指野蔷薇（*Rosa multiflora*）及变种七姊妹、白玉堂、粉团蔷薇。此外，狗蔷薇、黄蔷薇、法国蔷薇、突厥蔷薇、百叶蔷薇、白蔷薇等多种蔷薇属植物也被称为蔷薇。

蔷薇的植株一般呈藤蔓状，枝条细长而光滑，皮刺大而排列稀疏。奇数羽状复叶，托叶边缘有篦齿状分裂，有腺毛（腺毛比月季长得多），小叶5~7枚，叶片具光泽且平整，有柔毛，叶缘有齿。花通常6~7朵簇生，呈圆锥状伞房花序，花朵不大，直径约3厘米，花色有粉色、淡红色、红色、白色、黄色，还有少量品种为复色花。蔷薇的花型较为单一，一般为裂心平盘型，也有少量品种为重瓣型或半重瓣型花，香味清淡，甚至无香味，大多数种类不具复花性，一般只在每年的春末夏初开一次花，极个别种类有复花性，可在秋季再度开花，但该性状并不很稳定，不是每年都能复花。

蔷薇的枝蔓较长，有着良好的攀缘性，多用于绿篱或棚架植物。不少种类的蔷薇根干发达，虬曲苍劲，可作为砧木，嫁接微型月季或其他类型月季，制作盆景。而某些园艺种叶片细小、根系发达、花朵玲珑可爱，像从日本引进的“姬蔷薇”，其叶片细小，花朵不大、根系多姿、是制作盆景的优秀素材，尤其适合制作提根式、附石式等造型的盆景。

▲ 粉团蔷薇

▲ 蔷薇

姬蔷薇　姬月季

姬蔷薇、姬月季均由日本引进，故也称日本姬蔷薇、日本姬月季。姬，在日语里有“小”“微型”的含义。

姬蔷薇即微型蔷薇，具有叶片小而密集、株型紧凑、根系虬曲发达、花朵小巧精致等特点，花型或单瓣或重瓣，花色以粉、白等为主，一般在4~5月集中开放，有些品种一年可开2~3次花。因其根系虬曲苍劲，可作提根式、附石式等造型的盆景。

姬月季是指超级迷你型月季，与姬蔷薇相比，其株型、叶片、花朵都更小，枝条纤细，刺少，根系相对羸弱。其花色较为丰富，花期长，如果养护得当，一年四季都可开花。品种有‘金平糖’‘樱坂’‘姬乙女’‘黄金姬雅’‘雪莹’‘雪姬’‘天荷’‘樱之舞’‘花风火’‘躲藏’‘超微’‘粉妍’等。

姬月季的根系、茎枝较细，一般做微型盆栽观赏。若做盆景多采用丛林造型，将植株植于小盆中，略加修剪，盆面铺以青苔，点缀赏石，彰显其幽静典雅的特色；也可用姬蔷薇或其他小型蔷薇、月季等作砧木，进行嫁接，作提根式或其他造型的盆景，以增加其苍劲古朴的韵味。

▲ 姬蔷薇。没有花的芬芳，绿色也是一种自然之美（王文平 提供）

▲ 姬蔷薇。绿叶之间绽放着洁白的花朵，清新素雅

木香花 *Rosa banksiae*

也称木香、木香藤、锦棚花、七里香、十里香。为蔷薇科蔷薇属常绿或半常绿攀缘藤本植物，老枝褐色，有条状剥落，小枝绿色，无刺或有少量的刺。复叶互生，叶片卵状椭圆形或披针形，边缘有细锯齿。伞形花序，3~15朵簇生，花朵直径2~3厘米，白色或黄色，单瓣或重瓣，具浓郁的芳香，花期4~5月。重瓣花发育不良，不能结实，单瓣花结球形果实。

木香花芳香浓郁，花色素雅。其根、干虬曲多姿、苍劲古雅，在盆景中常用其作砧木嫁接月季。除供观赏外，木香花香味醇正，带有甜香，半开时可摘下熏茶；用白糖腌渍后制成木香花糖糕，可与著名的玫瑰花糖糕媲美。

▲ 木香花

▲ 以木香为砧木嫁接的月季盆景

盆景　大自然精华的浓缩与艺术化再现

盆景大约起源于中国的秦汉时期，形成于唐代，成熟于宋元，兴盛于明清，发展于当代（尤其是20世纪70年末代至今），如今从全国到地方都有相关的盆景协会、学会组织，以盆景为主的网站及手机公众号数不胜数，而各种盆景展、操作表演等活动更是如雨后春笋；盆景植物日益丰富更是盆景兴旺发达的一个重要标志。

“盆景”一词相传最早出现在北宋苏轼的《格物粗谈》一书中。这种盆中造景的艺术形式在不同的时期有不同的称谓，像盆池、盆花、盆中花、盆栽、些子景、盆内花树、盆中景、盆钵小景、盆花小景、盆树等。在我国的香港、台湾，日本、印度尼西亚及欧美等国家称之为“盆栽”。盆景在其形成与发展过程中，深受中国传统艺术的影响，唐诗、宋词、元曲及国画中的意境，都能在盆景中表现出来。甚至不少文人还直接参与了盆景的创作，像苏轼、李渔、袁枚等。因此，盆景属于东方传统文化的范畴，在艺术上表现为景物和情感的融合，其主体特征是崇尚自然和借景抒情。“如诗如画，意境深远”是对之的最高赏评。

▲ 临水式造型自然飘逸。花开花落，率性而为

▲ 根替代树干，支撑起绚丽的花朵

盆景，是大自然的浓缩和精华，但并不是大自然的照搬，而是融入诗情画意、个人情愫，并高度浓缩后，对大自然的艺术化再现。它以园艺学、植物学为基础，兼融美学、文学、美术以及哲学等多门人文、自然学科于一体，以“缩龙成寸”的手法，将山川、河流、山林、树木等自然景观展现于盆钵之中，有“无言的诗，立体的画”“有生命的雕塑，无声的音乐”等美誉。

作为植物造型艺术的盆景，以盆钵等器皿为载体，以植物为主要素材，以山石、土壤等为基础材料，采用特有的创作技法和程式，对植物进行艺术造型。在尊重自然规律的前提下，可以把不同植株，甚至不同种类植物中最美的部分提炼出来，凝聚在一棵树上，将大自然中最具典型化和代表性的树木神韵表现出来，同时又要避免千篇一律，万树同姿的现象，使之具有鲜明的个性，以达到“源于自然，又高于自然”的艺术境界；还可以将现实生活中早已消失的牧童、身着汉服的隐者高士、樵夫、渔翁、弈者等等，巧妙地点缀于盆景之中，穿越时空，重现和感受古诗古画中的韵味和意境。

盆景按使用材料的不同，有植物盆景（也称树桩盆景、树木盆景）、山石盆景（也称山水盆景）、树石盆景、水旱盆景等类型。其中植物盆景又可分为松柏类盆景、杂木类盆景、花果类盆景、草本类盆景等类型，其中月季盆景属于花果类盆景中的观花盆景。按规格有微型盆景、小型盆景、中型盆景、大型盆景、超大型盆景之分。其中微型盆景与小型盆景可称为小微盆景或微小盆景。

◀《余韵犹香》。青枝绿叶托起那红艳艳的花朵，焕发出青春的活力。那片出来最晚的叶子和那朵最早绽放的花儿，不期而遇。这命中注定的浪漫邂逅，散发着淡淡的余香……

▲ 月季山石盆景。山水千回百转，牧笛亢亮如诉，荡气回肠的美丽乐音，伴随着花儿，合着芬芳，冲破江南烟雨的笼罩，令人驻足……

▲ 月季水旱盆景。石头是实的，花儿是实的，水是虚的，虚实结合，幻化出壮阔的江河，达到“无中生有”的艺术效果

▲ 月季树桩盆景。群芳争艳，奋发向上

▲ 月季微型盆景。手掌上的大自然

▲ 月季微型盆景组合。玲珑多姿，造型各异

盆栽与盆景

盆栽，顾名思义，就是把月季等植物栽植于盆钵之中，故在一段时间内也称“盆植（即盆中的植物）”。它基本不对植物作造型处理，不改变植物的自然属性，主要欣赏植物茎、叶、花、果的自然美，如月季的花色娇艳、花型优美、气味芳香。当然，也不排除有些植物不经过造型，直接上盆就是一件很好的盆景作品，但盆器的选择及上盆时栽种的角度可视作对植物的艺术加工和造型处理。

▲ 盆栽月季

组合盆栽，是通过艺术配置的手法，将包括月季在内的多种观赏植物种植在一个容器中。它没有中国传统盆景的基本程式、造型技法，只是对植物进行简单的处理组合，仍以欣赏植物的自然美为主，故不属于传统盆景的范畴，但可归为时尚盆景（也叫现代盆景、速成盆景）的范围。就月季组合盆栽而言，既可以不同植株的月季相互组合，也可将月季与其他植物组合，以表现植物的生态群落，无论什么样的组合，都要做到主次分明、重点突出。

▲ 《梦乐园》

▲ 组合盆栽。朽木为盆，绿叶鲜花，散发出野性之美

象形盆栽，就是把植物塑造成孔雀、鹿、龙、凤、花篮、亭子等动物、器皿、建筑物的形状。象形盆栽虽然也经过了艺术造型，但却不是盆景，是一种较为写实的植物造型，将植物的天然野趣和形态特征、文化内涵湮没于动物的形似之中，不是以艺术的眼光对大自然进行诠释，达不到“源于自然，又高于自然”的艺术效果，更谈不上作者的情感抒发和寄托。

▲ 象形盆栽——孔雀开屏

在国外（主要是日本、韩国、欧美、印度尼西亚等国家）以及我国的台湾、香港等地区，把植物盆景称为盆栽。但这种“盆栽”并不是现代汉语所定义的“盆栽”，而是与中国盆景中的植物盆景基本相同。是指经过艺术处理，能够表现大自然中各种树木姿态神韵的艺术品，其造型技法与形式相当于我国的植物盆景。

总之，先有盆栽，后有盆景。盆景是盆栽的演变和延伸，是在盆栽的基础上，加入了作者的艺术设计和构思，以艺术的眼光对大自然进行诠释，是作者情感的寄托和抒发，是情与景的结合，是艺术美与自然美的融合。通俗点儿说，盆栽展现的是植物自身的天然美感，就像电影、电视剧那样，表现的是真实的生活；而盆景是艺术化了的大自然，就像京剧、芭蕾舞那样，表现的是艺术化了的生活。具体到月季盆栽与月季盆景。盆栽月季强调植株生长健壮，枝繁叶茂，开花艳丽，能够表现其品种特色。而月季盆景则追求的是艺术造型，赏花朵、观根干、看韵味，领悟意境。二者之间既相互关联，又各自独立。总之，盆栽较为简单，按其生长发育规律进行日常养护即可。月季盆景不仅要按其生长发育规律养护，还要从艺术角度进行修剪、蟠扎等技法进行造型，需要有一定的岁月才能成“景”。

赏析 月季是灵性之物、有情之物，是美好的化身、幸福的象征。她那千姿百态的花型，彰显着自然生命之奇趣。不仅给人以视觉上的冲击，更能娱人心智、撩人心绪，给人以无限的遐想。

▲ 月季盆景。临水式的飘逸与以根代干式的苍劲完美结合，配以线条流畅的几架、野趣盎然的菖蒲，使得作品典雅而清新

▲ 曲折有致的树干，红艳艳的花朵错落有致，喜庆而热烈

▲ 盆栽月季。嫁接，给了月季明显的树干

▲ 盆栽月季。通过嫁接技术，将不同花色、花型的月季融为一株，可谓花团锦簇

月季盆景
姹紫嫣红四季春

月季盆景追逐雅致，娇媚尽情绽放于苍虬枝头，释放出自然和谐的属性，其姹紫嫣红、张扬蓬勃的自然美，表现出无穷的诗情画意，令人心驰神往、浮想联翩。月季盆景是景致与情感的交融体，是自然美与艺术美的有机结合。制作精良的月季盆景，如诗如画，神韵生动，极具感染力，可谓大美矣！

▲ 展览中的月季盆景

通常人们对制作盆景素材的要求是树干苍古，叶片细小而稠密，观花盆景则要求花朵小巧、稠密、开花量大，如此才能以小见大，或彰显大树繁花似锦的风采，或表现中国文化中的诗情画意，像梅花、迎春花、蜡梅、锦鸡儿、小石榴以及各种海棠等。但艺术是允许夸张的，盆景艺术也如此，因此像月季、牡丹、山茶等花朵硕大的植物就堂而皇之地走进盆景的殿堂。其花的绚丽与盆景的造型艺术融于一体，有着自然与艺术的双重之美，是盆景大家族中不可或缺的重要组成部分。

尽管月季在中国，乃至世界上都有着极为丰富的文化底蕴，但却不是盆景的传统树种和常用树种。盆景虽然是中国传统艺术中的奇葩，但在各种盆景展中月季的身影可谓凤毛麟角。月季盆景是在继承盆景艺术精华的基础上的创新，它充分利用微型月季的小中见大，以及年老体衰的月季老桩和蔷薇、木香等资源，结合其物种特性，经过品种选择、定向培育、修剪整型等技法。培育出“一树红芳堪绝代，几度碧衣炫华章”的月季盆景。这是盆景艺术与月季自然属性的完美结合，是自然美与艺术美的融合。我们知道，月季在世界范围内栽培极为普遍，我国也亦然，其品种繁多，资源极其丰富。用其制作盆景具有材料易得、繁殖容易、相对于其他树木盆景成型时间较短等特点。既满足了现代人对生活档次的追求，又扩展了月季的栽培方式和艺术价值，大大提高了月季的应用档次和经济价值。

月季盆景属于观花类盆景的范畴。其以绚丽芬芳的花朵取胜，在适宜的环境中一年四季都可开花，尤其以暮春初夏的首次开花最为绚丽。除了花朵以外，其古朴苍劲的根干、扶疏浓绿的叶子、早春时节或红或绿的新芽嫩叶，都有较高的观赏性，即使到了冬季，其刚健挺秀的枝干也颇耐玩赏。

尽管如此，月季自身所存在的“先天不足”也不容忽视。月季的枝干直立性强，表皮质脆，容易撕裂或折断，不宜蟠扎造型；月季生长速度过快，很难保持盆景作品的稳定性，而且还容易发生枝条老化，甚至枯死的现象。但这些不足可以通过改变造型技法和后期的养护来弥补。

▲《听禅》。禅是一朵花，正如花之于生命界，以美丽简单的形式，包含着丰富的内蕴。禅诗，是可以开启智慧之电光火石的新钥……“心生境，因生果，有皆是空，无皆是有”佛言禅语潜藏着超常的智慧与大自然的通达。领略参悟智慧的光影和文学的美感，拾级而上。登高望远，淡然一笑，早悟兰因

▲ 壶中春色无限美

▲ 古雅苍劲的老根上萌发着新的枝条，绽放出淡黄色的花朵，使人感受到生生不息生命的魅力

◀ 在那鲜花盛开的季节

月季盆景大致可分为月季古桩盆景、月季组合盆景、月季微型盆景三种类型。不同类型的月季盆景之间还会重叠交叉，你中有我，我中有你，像微型古桩盆景、微型组合盆景、古桩组合盆景等类型。

月季古桩盆景

也叫月季老桩盆景。选择形态比较好的月季老桩造型，或选用木香、蔷薇的老桩，在其上嫁接花期长、花朵大小适中的月季品种，嫁接时注意芽的高低和方向。由于月季枝条直立性强，叶片较大，树冠一般采用自然形。造型方法以修剪为主，再辅以牵拉，使枝条布局合理，高低有致，因其枝条较脆，容易折断，表皮也易撕裂，所以作弯曲蟠扎造型时要小心谨慎，把握好力度，逐步加力，切不可使用蛮力，以免将枝条折断。

赏析

“阳春布德泽，万物生光辉”“东风随春归，发我枝上花”。春色无边，赤橙黄绿青蓝紫，肆意张扬，尽入画图！

那曼妙轻飏的熏风，徐徐轻盈的细雨，激越着生命的律动万物竞发，即使苍古老树，亦新韵满枝，舞红弄绿，孕育着希望的华美。

新芽似玉，新蕾如碧。那期待的炫彩和馨馥，在悄然中次第绽放！

▲《春之韵律》。曲干式造型，活泼生动，翠绿的新叶彰显出生命力的旺盛

▲《新绿》。绚丽的花朵与苍劲的树身相得益彰

月季微型盆景

选择‘法国小姐’‘太阳姑娘’‘金太阳’‘绿萼’等植株矮小、叶片及花朵不大，但姿态优美的微型月季品种，进行扦插，成活后以修剪和牵拉的方式进行加工整型，使其疏密有致，然后栽于微型盆或精致的紫砂壶中，开花时摆放于博古架上或小几架上观赏，小巧玲珑，清新典雅，也有斜干式、悬崖式、临水式、丛林式等多种类型。

月季微型盆景不仅具有苍劲古朴、玲珑秀美的身形，而且还要讲究盆钵、几架的搭配协调。在注重整体布局的基础上，做到聚散有致、主题突出，使作品富有诗情画意。

▲ 微型盆景，以小见大，是大自然精华的浓缩

微型盆景还以“微”“小”为特色，所选用的盆、树都很精巧，甚至可置于手掌之上赏玩。原本是微微小树，却能呈现“虹曲苍劲、气韵沧桑”的古老大树之貌，以彰显“以小见大”“古雅幽美，耐人寻味”的艺术魅力。

▲ 月季微型盆景。掌上大自然，自成一方天地，生命之花即将在这里绽放

月季组合盆景

也称月季合栽盆景。属于画意盆景的范畴，是根据园林艺术，借鉴绘画原理，将数株健壮的月季，合栽于大小合适的长方形或椭圆形花盆中，栽种时注意各株月季花色的搭配以及植株之间花、茎、叶的配合，做到正与斜、动与静、巧与拙、藏与露的和谐，最后再配上奇石、树木或其他花草、青苔，使之富有诗情画意，达到较高的艺术境界。

▲《生命的怒放》。即使在默默的荒野，怒放的生命依然绚若彩虹，直到老去的瞬间，挣脱一切，超越平凡

▲ 月季组合盆景。作品采用双干式与水旱式相结合的造型，一支小小的竹筏点化出水的意境，两株倾斜的月季绽放着硕大的花朵，具有强烈的视觉冲击

▲《野岭春色》。作品采用丛林式造型，起伏的地貌颇有大自然野趣，盛开的花朵象征着春色

【素材篇】

品种选择

月季品种丰富，形态及植株大小差异很大，这就需要从中选取适合制作盆景的品种。其具体要求是植株不大，根系发达，根干虬曲多姿，茎节短，株形相对紧凑；叶片细小而稠密；花梗短，容易开花，花期长。习性强健，移栽成活率高，能够在土壤较少的盆钵中正常生长、开花；耐修剪，枝条相对柔韧性好，易于蟠扎造型。而实际中同时具有这么多优点的可谓凤毛麟角，基本没有。因此，可择取具有以上2条特点的月季品种。像‘绯扇’‘黄和平’‘鸡尾酒’‘大奖章’‘白金’‘皇后’‘和平’‘冰山’等，而微型月季植株矮小，叶子、花朵玲珑可爱，最为适合制作微型盆景。蔷薇、木香等根、干虬曲多姿，常作砧木，嫁接其他类型的月季，具体花色和花型则可依个人爱好选择。

▲《春韵》。青枝绿叶间，朵朵玲珑的小花，透露出春的韵律

▲《独秀》。红花绿叶相得益彰

▲《逸》。悬根露爪，张力四射，不拘一格

▲ 以根代干式造型，根替代了树干，默默地支撑着绿叶红花，这是一种奉献精神

▲ 姬蔷薇。虬曲的根，青翠的叶，充满生命的活力，这是为花的绽放积蓄能量

▲ 绿叶间，朵朵红花竞相绽放，给人以欣欣向荣之感

▲ 倾斜的树身，富有动势，错落有致的枝叶清新宜人，整体造型简洁明朗

素材来源

月季为人工培育的物种，没有野生资源。用于制作盆景的月季多采用人工繁殖。常用的方法有播种、扦插、分株、压条、嫁接、组织培养等方法。其中的组织培养对设施、技术要求较高，一般用于大规模工厂化生产，家庭环境中几乎不使用，故就不作具体介绍了。

▲ 成熟的月季果实（闫志军 提供）

播种

是自然界大部分植物，尤其是高等植物的主要繁殖方法。特点是一次可以得到大量的苗，但幼苗生长速度较慢，而且树干直而无姿，形

◀ 播种繁殖的月季苗（闫志军 提供）

态也千篇一律。在制作盆景时可采用修剪、改变种植角度等技法，改善植株的走势。对于月季而言，播种苗变异性较大，因此播种多用于新品种的培育。但月季的播种苗根系发达，生长健壮，常用于制作以赏根为主的盆景，也可作砧木嫁接其他品种的月季。

月季的播种可在8~10月种子成熟后，适时采收，采收后去掉果肉，将种子清洗干净，随时播种，播后浇透水，以后保持土壤湿润而不积水，在20℃的环境中，约60天种子发芽。苗高30厘米左右分栽。也可将种子取出后与湿润的沙子混合，进行沙藏，翌年春天2~3月播种。

扦插

是月季最为常用的繁殖方法。有硬枝扦插、嫩枝扦插等方法。扦插介质要求疏松透气、排水良好、不含有害物质或过多的养分。常用的有草炭土、珍珠岩、河沙、蛭石、碳化稻壳等，其中蛭石、河沙可单独使用，其他的材料则要混合使用。家庭环境多采用盆插或在泡沫箱、木箱中扦插。若条件允许也可在地上作苗床扦插。为促进生根，可用吲哚丁酸或其他生根剂处理下剪口。

▲ 月季扦插（杨海燕 提供）

硬枝扦插　在11~12月，结合冬季修剪进行。从修剪下来的枝条中，选取当年生中上部充实、健壮的枝条作插穗，其长度10~15厘米，有3~4个芽。上剪口超出芽1厘米左右，下剪口超出芽约0.5厘米。插后及时浇透水，加盖塑料薄膜保温保湿，冬天的夜晚应加盖草帘或棉布帘保温。月季生根最适合的温度是18~20℃，一般8℃以上才能萌生愈合组织生根。春天随着气温的升高，注意浇水和喷水，以保持湿润，并逐步通风，4月初撤除塑料薄膜，6月移栽。

嫩枝扦插　4~6月，在发芽较为密集的月季植株上剪取健壮充实的嫩枝，其长度为5~10厘米，下部应带踵。剪去下部叶片，上部保留2~3片小叶，插入介质3厘米深，插后浇透水，加盖塑料薄膜以保持湿度，并盖遮阳网，以避免日晒。每天向叶面喷水2~3次，以保持湿度，中午前后应给予适当通风。1周左右伤口产生愈合组织，1个月左右可生根。

带踵扦插

在植物的扦插繁殖中，常会提到“带踵扦插”，这是什么意思呢？“踵”原意是指脚后跟，带踵扦插里的“踵”是原意的借用，是指在剪取插穗时，枝条下部要带一部分像人的脚后跟那样的组织，以利于插条生根。那么月季带踵扦插有什么好处呢？

一、是容易生根且根系比较粗壮。因为踵部原来是枝条的分生位置，积聚了大量的营养物质，所以扦插时很容易长出愈伤组织，继而在愈伤组织上生根，而且根会比普通插条所生的根粗壮。

二、株型完美。因为是直接将整个枝条掰下，枝条的各级枝叶都是完整的，每一根枝条本身的形状就像一棵完整的植株，生根成活后各级芽点同时生长，株型不用控制就基本完美。

月季带踵扦插，以半木质化、短粗型枝条为最佳选择。这是因为半木质化的枝条活性强，短粗型枝条既能保证营养丰厚，又能使自身的营养更快地向下部的踵部传输。掰取枝条时注意用力要轻，而且使劲儿要均匀，底部相连的表皮要用剪刀剪下，不要硬扯，以免对母株造成较大伤害。

全光照嫩枝扦插 通常以蛭石为介质，在生长季节用全光照自动喷雾设施进行扦插。

水插 在夏秋季节进行，选取开过花的枝条作插穗，剪成10厘米左右的小段，每段保留3~4个芽节，剪掉下部的叶片，将下部伤口削成斜面。将枝条浸入盛有清水的瓶中，瓶子要选棕色的，如果是透明的，应用黑色塑料薄膜包裹，放在光线明亮，又无阳光处，10~15天可长出愈合组织，并生根。

分株

常用于丛生月季品种的繁殖。可在结合春季翻盆或生长季节、秋末进行，方法是将丛生的植株从根部分开，分成数丛，分别栽种，使之成为新的植株。分株繁殖可得到较大、形态较好的植株，但繁殖数量有限，一次不能得到较多的材料。

▲ 一本多干式造型，看似杂乱，却疏密有致，极富大自然野趣

压条

常用于扦插难以生根的月季品种，多用高空压条的方法进行。在生长季节进行，选择长势旺盛的枝条，在需要生根的部位进行去皮处理，注意不要伤及内部的木质层，晾半天左右，然后将剥皮部分用湿润的泥土包裹，再用塑料薄膜包裹泥土，并将上下口用绳子扎紧，以防泥土漏掉，以后保持泥土湿润，即可生根。对于茎较长的藤本月季，也可将茎剥皮后，压入土壤中，使其生根。

嫁接

嫁接月季的砧木通常采用蔷薇、狗蔷薇、木香、月季、山黄香等习性强健、与月季有着较强亲和力的蔷薇属植物的实生苗或生长多年、虬曲多姿的老桩。接穗则可选用‘大奖章’‘绯扇’‘黄和平’‘鸡尾酒’‘彩云’等开花容易、长势强健的品种；也可采用叶片细小、花朵玲珑的微型月季作接穗，其古雅的树桩与不大的叶片形成较大反差，颇能以小见大，表现大树的风采。还可在同一个植株上嫁接不同花型、花色的月季品种，开花时不同颜色的花朵相互竞艳，非常美丽。

根接是以月季或蔷薇播种的实生苗根部做砧木，以微型月季的枝芽做接穗，进行嫁接，其虬曲多姿的根系与小巧的叶子、玲珑的花朵相映成趣，苍劲古雅的神韵跃然眼前。

▲《花姿竞放》

▲《争艳》

通过嫁接技术，使不同颜色的花，在同一植株上。嫁接时应选择花朵大小基本一致的月季品种，以免同一个植株上花朵大小差别太大，显得杂乱

作为砧木的老桩，一般在春天进行培养。先将老桩修剪整形，剪除造型不需要的部分，截桩时要一次到位，切不可反复锯截，以免对桩材造成多次伤害。然后将其栽种在有素沙土和少量锯末的土壤中。栽种后用塑料袋将其套住，以保持空气湿度，避免风吹。新芽长到4厘米左右时将塑料袋出去，最好选在阴雨天去袋，以防止环境的突然改变，对新芽造成的伤害。以后注意浇水和向枝干、叶子喷水，以保持土壤和空气湿润。8月可施以薄肥，一般15天左右一次，以提供充足的养分，促使枝条生长。10月停止施肥，使枝条充实，有利于越冬。第二年就可进行嫁接了。

月季的嫁接通常在6~9月采用芽接，也可在休眠期以切接的方法进行，还可根据各地的不同气候特征与具体条件进行嫩梢劈接或腹接。嫁接时要注意芽的高低和方向，以使盆景成型后高低错落，富有层次感。

切接 在休眠后至萌芽前进行。用1~2年生、无病虫害、芽饱满的枝条作接穗。在砧木距离地面4厘米处剪断并剥去刺，选平滑的一面，在木质部纵向垂直切下，长约3厘米，接穗下端削成一边长、一边短的斜切面，上端带1~2个芽，让砧木与接穗形成层紧密结合，若接穗较细，可使砧木与接穗一侧密接形成层对准，用塑料带绑好，砧木和接穗用土封严。

芽接 俗称“热粘皮”，这是月季的主要嫁接方法。根据其形式的不同，大致可分为芽片接、哨接、管芽接和芽眼接等方法，其中芽片接最为常用。一般在生长季节进行，以7~8月成活率最高。

接芽一定要选那些枝条相对健壮，将要萌发的芽。最好的是把花朵都去除，再进行施肥，大约一周后进行取芽嫁接。

嫁接后应罩上透明的塑料袋进行保湿，成活后及时去除塑料薄膜，并且将嫁接处松绑，如果没有嫁接成活应进行补接。刚嫁接完成后的月季最好不要让它开花，以免消耗过多的养分，影响生长。并注意对枝条的修剪，尤其是要对那些比较短而且较弱，或者过高的枝条进行调整，不能弱者更弱，强者更强，应使其长势基本一致。并给予充足的阳光，进行合理的施肥。及时除去砧木上萌发的壮芽，以集中养分供给接穗生长。

芽接具体步骤

图1　剪取生长健壮充实的枝条作接穗。

图2　将接穗剪到适宜的长度，并剪掉叶子，以利于后面的操作。

图3至图5　先在芽眼的上方0.5厘米左右横切一刀，深及木质层；接着再在其下方1厘米左右下刀纵切，取下带有芽眼的树皮备用。

图6至图9　在砧木上切一“T”形口，将接穗插入后，再用塑料膜将嫁接的部位绑扎，使砧木与接穗结合牢固，有利于成活。

图10至图11　10~15天后，接穗上的新芽饱满，残留的叶柄干枯，一触即掉即表示嫁接成功。

图12　砧木上的口子还可切成椭圆形或其他形状。

购买

购买也是获得月季盆景素材的重要途径。月季是常见的观赏花卉，在花市、苗圃、花卉生产基地都有出售，可挑选一些形态奇特、符合盆景造型规律的植株购买，通过换盆、改型等手法，使之成为姿态万千的艺术品。此外，在网上也有出售姬蔷薇、蔷薇桩材以及月季老桩等盆景素材，可选择信誉度好的卖家购买。

购买月季老桩以初冬及初春为最佳季节，冬季天气寒冷，运输途中易受冻，而且也不易发根，夏季酷热，又容易脱水，都不宜购买。如果是带盆的老桩，并在盆中养护几年的“熟桩”，则一年四季都可购买。

对于老桩月季，购买时不能只关注其大小和形状，应注意观察是否有完善的须根，这是因为月季老桩的活性差，若没有须根，移栽很难成活。此外，还有一些老桩，是由切花月季淘汰的，饱受各种激素、农药的摧残，其活性很差，移栽很难成活，故不宜购买。

▲ 明媚灿烂的花朵令人赏心悦目（立峰 提供）

▲ 沉稳的绿叶，热烈的红花，使得作品充满生机，可谓“红花绿叶，相得益彰”（立峰 提供）

▲ 老树着花无丑枝，不同颜色的花朵竞相绽放，可谓大美（北京纳波湾园艺有限公司 提供）

▲ 繁花似锦的最佳诠释（北京纳波湾园艺有限公司 提供）

▲ 临水式造型，树冠丰满紧凑，左侧向上生长的枝条若能适当修剪，效果更佳（北京纳波湾园艺有限公司 提供）

养 桩

月季是常见的园林绿化植物，有时公园或其他园林绿化部门会淘汰一些长势衰弱或其他原因不再适合作为绿化使用的老月季、蔷薇、木香等蔷薇属植物。此外，在一些地区还有野生的木香、蔷薇等蔷薇属植物分布，可在不破坏生态环境的前提下采挖。

选择月季桩材时，应选择那些形态古雅奇特桩材。一般在初冬或初春冬春移栽，在南方因空气湿度大，也可在夏、秋季节移栽，但要注意遮阴，以避免烈日暴晒，并经常喷水，以增加空气湿度。先栽种在较大的盆器内或地栽“养桩”，栽种前要将过长的主根剪短（若是制作以根代干式盆景，则需要保留相对较粗的主根），一定多保留侧根和须根。栽种前注意对伤口的处理，大的伤口要修剪得平整光滑，并涂抹

古木新芽，生机盎然，期待绽放出美丽的花朵（陈习武 提供）

白乳胶、红霉素药膏或植物伤口愈合剂等，以避免水分散失并灭菌消毒，防止因病菌感染使伤口腐烂而影响树桩的成活。养桩所用的土要求疏松透气，不必含有太多的养分，以清素为佳，以利于根系的恢复和新根的生长。栽种时注意角度的选择，或直或斜，或悬或平，总之要打破平庸之势，达到化腐朽为神奇的效果。

栽后浇透定根水，如果是冬季或早春购买或挖掘的桩子，应罩上透明的塑料袋或将树桩放在小棚内养护，以避免寒风的吹拂，保持湿润，有利于成活。但温度不要过高，以免桩子提前发芽，影响以后的生长，一般不超过5℃为宜。此后还应注意观察，缺水时及时补充水分，避免干旱。植株抽枝后，逐步打开塑料袋或剪几个小洞，进行通风炼苗；以后逐渐扩大通风口，等到月季桩适应外界环境后再将塑料袋全部去掉，进行正常的管理。切不可一次全部撤掉塑料袋，撤去塑料袋的时间也要选在阴雨天进行。否则因环境突然改变容易造成“回芽”（即已经萌发的新芽枯死），严重时甚至造成树桩死亡。

养桩时还要避免“假活”现象发生，所谓“假活”，是指月季依靠自身贮藏的养分，发芽抽枝展叶，而此时其根系并未萌发，吸收不到水分和养分，等植物自身贮藏的养分消耗完后，其枝叶萎蔫干枯，桩子死亡。那么，怎么才能避免“假活”现象的发生呢?

首先，选桩时尽量别选病弱桩和根部截面大的桩，这样的桩因其根部截面较大，而难以完全愈合，即便不出现假活的现象，也难以持久，往往在成型之日便是其身退之时，有人称这种现象为“隐形假活”。

在养护上要谨记“干发根，湿发芽，不干不湿壮根又壮芽”的谚语。可以通过套袋、遮阴、向树干喷雾等方法促进桩子发芽。我们知道，月季桩成活的前提是发根，没发根，芽发得再多也没用，最后都会出现假活，只是假活持续的时间长短而已。因此，发芽后应逐渐增加光照和通风量，以减少小环境的空气湿度和盆土湿度，促进发根。其原理是月季的叶子通过光合作用转换养分，根的作用便是寻找水分和养分，逐渐减少湿度便是要桩子进行自身调节，发根是其调节的最终结果。如果发芽后还长时间保持较大的湿度，这样由于桩体有足够的水分，便不会刺激其根部寻找更多的水源供桩体和叶芽的消耗，最终因根系不发达导致“假活”。

养坯的头年可酌情施一些腐熟的稀薄液肥。以后应加强水肥管理，但不作任何造型，任其生长，以促使枝干发粗。但对于造型不需要的枝条可从基部剪除，以集中养分，供应所保留的枝条。需要保留的枝条则不要短截，以使之尽快增粗（俗称“拔条”），等长到合适的粗度时，再从需要的位置短截，短截后剪口附近会有新芽萌发，从中选一个位置合适且健壮的芽继续培养，并抹去其他的芽，等该枝条长到合适的粗度时再进行短截，如此反复，可培养出自然曲折、顿挫刚健的枝盘。

不同造型、花色的月季琳琅满目，展示着各自的风采

泥瓦盆虽不甚美观，但养花效果很好

【造型篇】

月季盆景制作与养护

月季盆景的取势

树势，即树木的整体走向。盆景中的树势是指盆景构图或直或斜或下跌的倾向。大致有3种类型：直干式的中正之势，不偏不倚，积极向上；斜干式的旁斜之势，洒脱飘逸；悬崖式的下跌之势，险峻陡峭。

取势，就是通过对素材的观察、分析和判断，确立树势，利用其固有姿态，扬长避短，对盆景的整体构图作出或直或斜或跌的取向。也就是确定植物的栽种角度和在盆中的位置。取势一般有两2种方法：

顺势法　即尊崇天意，顺乎树理，因势利导，顺势而为，让向上的欣欣向荣，如直干的挺拔；让旁斜的轻灵洒脱，如斜干、临水等树貌；让下跌的如临深渊，如悬崖树貌。

逆势法　即逆树势而为之，欲上先下，欲左先右，欲扬先抑，把向上之势化为旁斜或下跌之势，把向左之势转为向右之势，把向右之势变为向左之势。逆势在运用中可以逆根逆干，也可以逆枝。逆势法师法自然，虽为逆势，实为自然。有着反其道而行之妙。

▲《竞秀》。顺势而为，遵崇天意，因势利导，顺其自然之势

▲ 逆势而为，欲左先右，欲扬先抑，有着反其道而行之妙

取势时应视主题而定，注意保持树姿的舒展，枝与干要相辅相成。并注意重心的稳定与均衡，不要违反自然规律。应表现出“景”的节奏、韵律之美，并融入作者的个人情愫，达到景随我出、随心所欲而又不逾越规矩程式的自由境界（即“有规矩的自由活动”），使作品风格鲜明。

不论何种取势，都应先确定作品的正面（主要观赏面，是盆景最美的一面）。一般来讲，从正面看，主干不宜向前挺，露根和主枝应向两侧延伸较长，向前后伸展较短。主干的正前方既不可有长枝伸出（俗称迎面枝），也不宜完全裸露。主枝要避免对生和平行，也不可分布在同一平面上。如果主干有弯曲，主枝应从弯的凸处伸出，切不可从弯的凹处伸出。此外，还要避免四平八稳，使之有一定的动势，以增加作品的气势和神韵。但也要防止过犹不及，一定要把握好度，注意整体的均衡。如作品《争艳》，虽然桩材较大，苍劲古雅，开花繁盛，但两个主干背驰而行，使得作品剑拔弩张，很不和谐。

▲《争艳》。两个主干背驰而行，使得作品剑拔弩张，不甚和谐

在取势时还要尽量突出月季桩材自身形态特点，因材处理，因势利导，扬长避短，以展现和突出桩材的天然魅力，而不是将其埋没和破坏。

月季盆景的取势，要强调立意，即“意在笔先”。通常根据树桩的形态进行立意、造型，即“因材施艺”“因桩赋型”。此外，也可“因意取材”，先立意，再选材、造型，多用于丛林式、附石式、水旱式的月季盆景。

▲《含苞欲放》。因材取势，横卧的树干奋而向上，打破平庸之势

▲ 水旱式月季盆景需要精心设计，以确定植物在盆钵中的位置及种植角度，并进行点石，制作水岸线。就该作品而言，水岸线做得有些僵硬，缺乏自然趣味

▲ 双干式与临水式相结合的造型，主干或上扬或平卧，动静有致，自然飘逸

▲ 青枝绿叶与古雅苍健的老桩形成强烈的对比，昭示着生命力的顽强

实例

图1　将原来直立生长的枝条斜着栽，使之富有动感。

图2　将原来直立生长的月季桩材横着栽，而其新枝向上生长，使得作品曲折有致，富于变化。

月季盆景的造型

植物，尤其是月季等木本植物，是由树根、树干以及树冠组成的，因此月季盆景的造型也要围绕这三部分进行，以大自然中奇花老树为蓝本，吸收绘画等艺术的精髓，将其艺术化处理，使根、干、枝、叶、花有机地融合成一体，用于月季盆景的创作。

盆景的树冠、树干及根部三者要比例协调，对于叶大、花大的月季盆景更要注意其比例的协调，若树冠大，主干细，如同小孩儿带大帽，看着沉重压抑；而树干粗，树冠小，则会显得滑稽而不自然，就像人的身躯很大，脑袋却很小，很不和谐美观。如下图。

▲ 纤细的树干顶着硕大的树冠，是否有头重脚轻的感觉？

▲ 上实下虚，使作品显得根基不牢

月季盆景的树根造型

根，是月季的营养器官之一，多埋藏在土壤里面，担负着吸收土壤中水分、养分，并有着溶解其中的无机盐的作用，还有着支持树身、贮存合成有机质的作用。

由于雨水的冲刷或其他因素，一些生长多年植物的部分根系会露出土面，盆景中根的造型就是根据这个原理，将其进行艺术加工，以增加作品苍劲古朴的韵味。盆景中根，被称为“根盘”，以表示其群体性。在自然环境中种植的月季，裸露的根系并不是很多，但作为艺术品的盆景，是可以不拘泥于自然，把其他类型植物根系古朴多姿的特点融入月季盆景，以表现其苍劲老道的韵味。

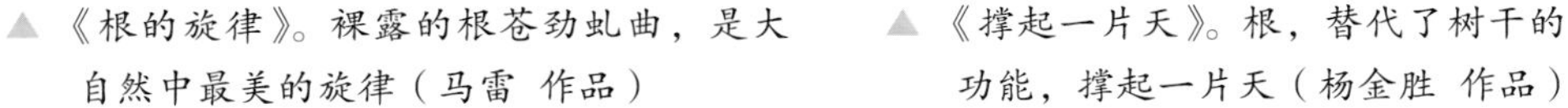

▲《根的旋律》。裸露的根苍劲虬曲，是大自然中最美的旋律（马雷 作品）

▲《撑起一片天》。根，替代了树干的功能，撑起一片天（杨金胜 作品）

根据表现的形式不同，根盘主要有提根式、以根代干式、连根式、疙瘩式等造型。其中月季盆景常用的是提根式、以根代干式。

提根式 也称露根式。是将树木的根部向上提起，露出土表，其盘根错节，古雅奇特，“根”是这类盆景不可缺少的观赏点，即便不是以赏根为目的的盆景，把根露出一部分，也会使得作品稳健大气、苍劲古朴。

我们知道，盆景中理想的根盘必须四方有根，而且在根盘的左右两侧略前、略后都要有较为强大的粗壮根。根自根盘伸出要有一至二级的分枝。根的伸展姿态应富于变化，要自然流畅，避免生硬、僵直、重叠、交叉等不良现象出现。所伸出的位置高低应基本一致，不可落差过大。

▲ 同心协力，撑起那片繁花似锦的世界

▲ 虬曲的根，疏散的树冠，使作品富有大自然野趣

▲ 倾斜的树干灵动飘逸，疏密有致的树冠与裸露的根遥相呼应，自然和谐

▲ 突出的根与倾斜的干相映成趣，并起到了稳定重心的作用

▲ 花开花落，留下生命的痕迹，是大自然的规律

疙瘩式 生长多年的月季老桩根部呈不规则块状，疙里疙瘩，形似如奇石，上面萌发的枝条经造型后，如同倚石而栽的老树，奇特而富有野趣。制作此类盆景时应注意树木也要有主干，有主枝，有侧枝，有细枝，并有一定的粗度，要像一棵树，而不是像一根木棍插在石头上。

以根代干 有些月季、蔷薇桩子根部古朴奇特，树干却直而无姿。用这些植物制作盆景时，可以舍弃原来“直而无姿”的树干，用“以根代干”的方法，将其根部从土中提出替代树干。并对其枝盘进行造型，使之自然和谐。

▲ 疙瘩式。这是大自然的积累，岁月的沉淀，似顽石而又有生命

▲ 以根代干，就是把植物的根提出土面替代树干，使作品苍劲古雅。其形状各异的根与绿色的叶，娇艳的花相映成趣，融艺术美与自然美于一身

月季盆景的树干造型

树干，又名树身，是指从根颈到第一主枝间的主体部分。月季盆景的树干按形态分有直干式、斜干式、曲干式、卧干式、临水式、悬崖式、枯干式等；按数量则有单干式、双干式、丛林式（多干式）等。

直干式 这是大自然中树木的基本树型。特点是主干拔地而起，基本呈直立或略有弯曲状，在一定高度上分枝，其树身挺直，有一种顶天立地、直刺云霄的气势，表现了树木雄伟挺拔、巍然屹立的神韵。因其主干的直立性不能改变，其造型重点应放在枝的变化上，根据树种、桩材的不同特点，确定分枝的位置、大小、距离、排列方式，并注意根盘的完美与稳健。

直干式月季盆景可用长方形盆、椭圆形盆、圆形、正方形盆以及六角形、八角形等形状的盆器，盆器宜浅不宜深，以彰显视野的开阔，突出树木的挺拔高大。直干式造型还可与双干式、水旱式、丛林式、文人树等造型的盆景结合，以丰富表现力。

▲ 主干虽有弯曲，但直干式盆景昂然向上的趋势没有改变

▲ 浅盆，更能衬托出树的高大

《独冠群芳》

斜干式　树干与盆面呈一定幅度的夹角，主干或伸直或略有弯曲。枝条平展，使得树冠重心偏离植物根部。其树形舒展，疏影横斜、飘逸潇洒。整个造型显得险而稳固，体现出树势动、静变化平衡的统一艺术效果。

制作斜干式月季盆景时，除选用形态适宜的天然桩材外，还可以改变月季的种植角度，将直立的树干斜着栽，使之呈斜干式造型。还可与双干式、水旱式、树石式等多种造型的盆景结合，灵活应用，展现其美。

▲ 倾斜的树干，配以千姿百态的树冠，使得盆景疏影横斜，富有动势，这是斜干式盆景的最大特点

曲干式 树干自根部至树冠回蟠折曲似游龙状，枝叶自然潇洒，疏密得当，其整体造型刚柔相济，富有趣味，是一种比较夸张的盆景造型。很符合“以曲为美”的欣赏习惯。“屈作回蟠势，蜿蜒蛟龙形”是其生动写照。曲干式盆景并不是树木的基本树型，可与直干式、斜干式、悬崖式、临水式等造型的盆景结合应用，以丰富其表现内容。

由于月季枝干质脆，易折断撕裂，不宜采用蟠扎的方法造型。故多采用自然弯曲的老桩进行造型。

△“曲作回蟠势，蜿蜒蛟龙形”是曲干式盆景的主要特点，其整体造型曲折多变，刚柔并济，富有动势。与树冠的绿叶鲜花形成了动与静的对比

卧干式 树干横卧于盆面，如卧龙之势。树冠枝条昂然向上，生机勃勃，而树姿则苍老古雅，野趣十足。其中树干卧于盆面，与土壤接触者称“全卧”；树干虽横卧生长，但不与土壤接触者称“半卧”。

卧干式盆景除选取形状适合的天然桩材外，还可通过改变上盆角度等方法，将某些直立生长或倾斜生长，并具有一定弯度的桩材横着栽种，使之呈卧态。卧干式盆景多选用中等深度或稍浅一些的长方形或椭圆形盆器。

▼ ▲ 横卧的老干历经沧桑岁月，而新枝则昂然直立，给人以奋发向上的感觉

临水式 树干或大的主枝斜向平伸，甚至伸出盆面，但不倒挂下垂或稍下垂，而是横生直展，向前延伸，以贴近水面求得生长中力的平衡。与悬崖式盆景的区别在于以盆面为界，枝干高于盆面者为临水式，低于盆面者为悬崖式。但这个标准也不是绝对的，像有些盆景的主枝虽然略低于盆面，但不下垂，而是向前伸展，此类盆景也视作临水式。还有一种临水式盆景，其树干软弧大弯，在弯位培育探枝，以加强险峻感，结顶上昂，整体造型矮壮飘逸，富有意趣。

由于临水式盆景主干出土不高就向一侧平展生长，上盆时可将原来直立的主干平着栽种，使之横展。

▲ 横伸的枝干灵动飘逸，但盆面的处理有些呆板僵硬，若能自然一些，则效果更佳

▲ 临水式月季盆景。倾斜的干、枝富有动势，绿叶间的红花是你们的娇艳

▲ 临水式月季盆景。青枝绿叶，生机盎然

▲《逸趣》

▲《双艳》(陈维理 作品　刘少红 提供)

▲ 临水式月季盆景。红花绿叶，相得益彰

悬崖式 是仿照大自然中生长在悬崖峭壁上各种树木形态制作而成的，其险峻苍古，势若蟠龙，老枝或横斜，或下垂，或先扬后抑……其坚强刚毅、不畏艰险、顽强生长的品格令人赞叹。按其主干下垂的程度分为大悬崖和小悬崖两种。树干下垂程度较大，树梢超过花盆底部称为大悬崖（全悬崖）；主干下垂程度较小，超过盆口，但不超过盆底者称小悬崖（称半悬崖）。

制作悬崖式月季盆景，除选取形态适宜的桩材外，还可通过改变种植角度，将原来直立或倾斜生长的反着栽，使之倒挂或平伸，形成悬崖式造型。对于某些重心不稳的作品，还可在盆面点缀一块大小、形状适宜的石头，以平衡树势，避免头重脚轻；此外将部分根系提出土面，也能起到稳定重心的作用。

由于悬崖式盆景的大部分枝干都伸出盆外，根部深入泥土较深才能稳定，因此通常多用较高的签筒盆种植，此外深盆还能起到衬托的作用，使之犹如悬崖古木，临危不惧，富有动感。也可用中等深度的四方盆、六角盆或圆盆栽种，但应陈设在较高的几架上观赏，以突出其倒挂在悬崖峭壁上的风采。

▶崖壁上开花红艳艳

▲《沧桑岁月》

蚯曲多姿的枝干与红色的新叶相得益彰，生命是那么得美

《蛟龙探海》

枯干式 树干枯朽，树皮斑驳，多有孔洞，木质层裸露在外，尚有部分韧皮上下相连，树干上部则生机盎然、枝叶新绿，显示出枯木逢春的景象。其造型多利用自然枯蚀的老树干，也可将树干人工雕凿。由于月季木质较为松软，其寿命也不是很长，在造型时一般不采用扒皮、雕凿等技法，可将枯死的枝干略加修饰后，予以保留，以增添作品古朴自然的韵味。

在枯干式盆景中还有一种舍利干造型。“舍利”一词来源于佛教，是梵文sarira的音译，意思是“身骨”，也称“灵骨”或“坚固子”，由佛教的高僧大德圆寂以后火化而产生，是佛教中的至高圣物。

树木中的舍利是指自然界的老树，经历雷击、风霜雪雨、砍伐践踏和病虫害的摧残等外在或内在因素的影响，树体的一部分枯萎，树皮剥落，木质部呈白骨化。这是自然界树木中的一种客观存在的现象，其强烈的色彩对比，枯荣对比，生死对比，刚柔对比，动与静对比，悲壮美与生机美的对比。

盆景中的舍利干就是对树木这种舍利的艺术化再现，是艺术美与自然美的完美结合。由于月季的木质较为疏松，而且寿命不会像松柏类植物那样，能达千百年，故舍利干在月季盆景中虽然有应用，但不多。

▲ 累累的伤痕是岁月留下的痕迹，尽管如此，依旧展示着生命的风采

▲ 枯枝发芽，生生不息，这是生命的赞歌，也是枯干式盆景的主要特点

文人树 文人树，日本称为“文人木”。其始祖是中国画中的文人画，盆景造型具有高耸、清瘦、潇洒、简洁等特点，寥寥几枝就能表现出其清雅的神韵。以个性生动、鲜明、清新的艺术形象，表达清高、自傲的人文精神追求。

文人树盆景并非树木盆景的基本树型，而是一种具有文人格调的盆景，它没有特定的形状，是从斜干式、曲干式、直干式、双干式等造型的盆景变化而来，因此其造型可以是单干式，也可以是双干式，甚至是丛林式的；既可以是直干式，也可以是曲干式、斜干式，甚至是悬崖式。无论什么样式，其孤高、清瘦、简洁的风格不变，在造型时应把握这点，切忌繁乱驳杂。更不能盲目追求“以曲为美”，将干、枝作得弯弯曲曲、妩媚扭曲，如此就失去了文人树清高挺拔的神韵，使得作品奴颜婢膝，俗不可耐。

有人认为，月季花大色艳，不太适合表现文人清高孤傲的个性。其实，盆景是可以表现心境的。用月季制作文人树盆景，嶙峋清瘦的树干，绿叶间绽放着娇艳的花朵，给人以心花怒放、健康向上的感觉。由于月季的叶大、花大，制作文人树盆景时很容易头重脚轻，可在盆面点缀石头，以稳定重心。对于树干较细的桩子，树冠也不宜留得过大，以免比例不当，失之和谐。

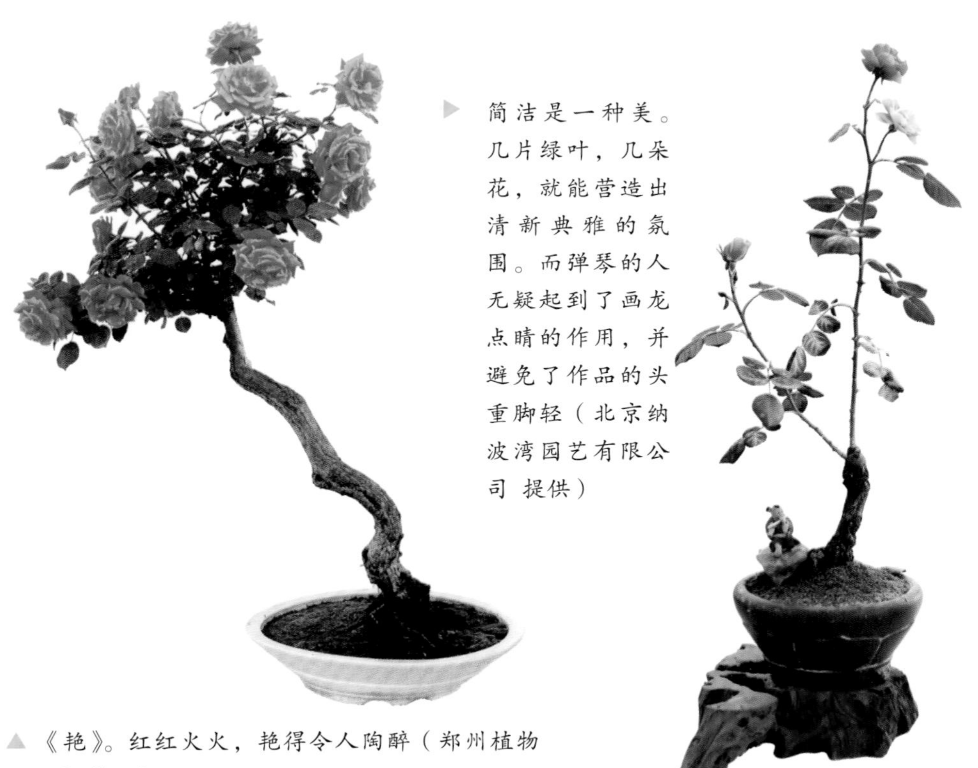

▶ 简洁是一种美。几片绿叶，几朵花，就能营造出清新典雅的氛围。而弹琴的人无疑起到了画龙点睛的作用，并避免了作品的头重脚轻（北京纳波湾园艺有限公司 提供）

▲《艳》。红红火火，艳得令人陶醉（郑州植物园 作品）

实例《文人吟》

图1 栽种在瓦盆里的月季植株过高，而且下部光秃秃的，不是太美。

图2 将植物从瓦盆中扣出，剪去过长的根系后，移入浅盆中。

图3 其主干曲折有致，给人以亭亭玉立的感觉，但下面似乎有点空。

图4 在盆面点缀一奇石，放上一个羽扇纶巾的古代文人，既点明了主题，又起到上下平衡的作用。

图5 开花后的效果。

赏析

作品以高耸、清雅、洒脱、简洁的韵味，表现出孤高自傲、清丽潇洒、极致张扬的文人个性，其枝叶疏朗、虬根曲蜒，数点香蕾令人回味。

怪异式 是指那些用形状奇特、无规律可循的桩材制作的月季盆景，这是大自然鬼斧神工的杰作，有着“极丑为美”的韵味，如同戏曲中的丑角。怪异式月季盆景在创作时应根据树桩的形态，融入作者的主观意识，追求线条、外形的个性美，随心所欲地创作出心中的“树”，与现代派美术作品有着异曲同工之趣。需要指出的是，怪异式盆景虽然以“怪”取胜，但也要遵循自然规律，不能为“怪”而“怪”，盲目地追求怪异。

▲ 怪异式月季盆景

▲ 怪异式月季盆景。这是大自然的杰作，生命的奇迹，岁月的洗礼，沧桑古雅，令人震撼

◀ 怪异式月季盆景。千奇百怪，却生机盎然，生命就是这么神奇

▲ 怪异式月季盆景。出奇制胜，以怪为美

单干式 这是大自然中树木风景的特写，也是月季盆景的最基本树型，虽然只有一株，但却极富变化，有着直干式、斜干式、悬崖式、临水式、曲干式等多种造型，具有以少胜多、以简胜繁的艺术效果。

▲ 单干式月季盆景。一棵树的风景

▲《三姊妹》

▲ 单干式月季盆景

双干式 是将一本双干或两株同一品种的树木栽种于同一个花盆中，二者既相辅相成，相依为伴，又各自独立。其风格丰富多变，或高耸清秀，或风华正茂，或雄健稳重，或嶙峋古朴，或盘根错节……无论何种风格，两个树干的形态都要有一定区别，常常是一大一小、一高一低，一般两个树干同粗但不要等高，等高则不要同粗，避免形态相同，但也不要悬殊过大，尽量做到既和谐统一，又有一定的变化，这样制作的盆景才自然优美，富有艺术性。

双干式月季盆景通常用浅盆或中等深度的花盆栽种，形状以长方形、椭圆形最为常见，但也有用圆形、四方形、六角形、不规则形盆器栽种的，无论哪种形状的花盆都宜浅不宜深。但是如果制作悬崖式双干盆景则应选择签筒盆或其他稍高一些的盆器。

双干式盆景两棵月季之间的距离不宜太远，否则会有松散之感，其树干可直、可曲、可正、可斜、可俯、可仰，也可一曲一直、一正一斜、一仰一俯。两树的枝条也要相互映衬，缺一不可，切不可各自为政，互不关联。并注意树与树之间的透视效果，使之既符合自然规律又有艺术美。

▲ 双干式月季盆景。寥寥几枝，表现出大自然之野趣

▲《随想曲》　　▲《姐妹情》

▲《双柯竞秀》　　▲《同根生》

丛林式 也称多干式，其主干至少在3株以上（含3株），以表现山野丛林风光。布局时应注意主次分明，疏密得当，使之和谐统一，富有大自然野趣。丛林式盆景宜选择中等深度或较浅的长方形、椭圆形、圆形或不规则形盆器。以使盆景显得视野开阔，潇洒大气。

丛林式月季盆景大致有以下两种类型。

合栽型 将数株月季合栽于一盆，使之呈丛林状，为了丰富造型，还可配种一些其他植物，在选择配种植物时应尽量选择习性相近的种类，并注意植株大小、形状的选择，不可过大，以免喧宾夺主。数量多时可将月季分成2丛或3丛。栽种时应注意整体的纵深感和层次感，切不可将所有的植物栽种在一条线上。

▲ 合栽式月季盆景。空旷的郊野，几丛月季随意地生长，充满了大自然之野趣

◀ 争艳，把自身的美展示出来

一本多干型 是指一株月季超过3个树干（包括3干）者，要求高低参差，前后错落，左右呼应。一本多干式盆景与合栽式盆景有些相似，但又有很大区别，合栽式盆景主要表现的是大自然中山野丛林风光，每棵树都是独立的，甚至可以用不同的树种组合制作此类盆景。而一本多干式盆景则表现的是一株丛生的植物，其树干虽然众多，看上去像个树林，但却有着共同的根，树冠也是几个树干所共有的，有着“独木成林”的意趣。不少品种的月季具有较强的丛生性，可利用该习性制作一本多干型盆景。

▲ 一本多干式盆景，尽管枝干各异，却有着共同的根，可谓独木成林

为了增加作品的表现力，还可将以上2种形式综合应用，甚至与水旱式、附石式等盆景相结合，融合二者的优点，既有水旱盆景的视野开阔，又有丛林式盆景的清静幽雅；将文人树盆景的特点融入其中，使作品自然洒脱，清幽典雅；将树栽种在石上，则表现出山林景观的葳蕤茂盛，以达到“源于自然，又高于自然”的艺术效果。

▲《野趣》。水畔的两丛月季盛开着娇艳的花朵，颇具大自然野趣

月季盆景的树冠造型

植物的树冠由主枝、侧枝、细枝、顶枝、飘枝、跌枝、前枝（迎面枝）、后背枝、下垂枝等不同的枝托构成，其他还有交叉枝、反向枝、平行枝、轮生枝、对生枝、重叠枝等，因此树冠造型也称枝丛造型或枝托造型、枝盘造型。

盆景的树冠造型有自然式、云片式、垂枝式、风动式等。月季盆景的叶大，花大，分枝不多，茎枝等直立性强，质脆，易折断或表皮撕裂，不宜使用蟠扎的技法造型。因此多采用自然式树冠，其特点是自然潇洒又富于变化，同时能够体现出月季花色娇艳、叶片扶疏的物种特色。但要注意干与枝、枝与叶、叶与花之间的自然和谐，以避免作品粗野、凌乱。使盆景疏密有致（即“密不透风，疏可走马”）、自然流畅，以达到艺术美与自然美融合为一的效果。对于那些不必要的杂乱枝条，尤其是影响到艺术造型的交叉枝、反向枝、平行枝、轮生枝、对生枝等，都应剪除或短截、变形，使其不影响盆景的整体美观。造型方法以修剪为主，对于不到位的枝条可通过牵拉等方法调整走势，以达到理想的效果。

▲ 自然式树冠不拘一格，有着张扬的个性

▲ 疏密得当，错落有致

▲ 满树繁花，绚丽多彩

▲ 自然式树冠因材施艺，具有浓郁的个性之美

疏影横斜，自然优美

老干新枝，红花绿叶，相得益彰

绿叶间，含苞欲放的花蕾象征着希望

其他类型的月季盆景

月季盆景除了对根、干、冠的造型外，还有一些其他类型的盆景。像月季树石盆景、月季水旱盆景以及月季古桩盆景、月季小微盆景、月季立式盆景、月季时尚盆景、月季插花盆景等。

月季树石盆景

树石盆景是指以山石、树木为基本材料的盆景，它在自然的基础上，融合树木盆景与山石盆景的长处，其树木、山石都是观赏主体，有植物、山石、有水域或无水域。主要有附石式、配石式等类型。

附石盆景 特点是月季栽种在山石上，树根或扎在石洞或石缝中，或抱石而生。其风格或清秀典雅、或雄浑大气、或古朴苍劲、或险峻陡峭、或开阔壮观……根据附石的部位不同则可分为干附石和根附石两种类型。其中的根附石又有树抱石（也叫树包石）与石抱树等形式，其前者石头嵌在植物根系或树干内，而后者根系嵌在石头缝隙中。

月季附石盆景宜选用叶片细小，枝干虬曲，株型紧凑，主根短、侧根长而发达，具有较强的生命力，能够在土壤较少的山石或浅盆中正常生长的月季品种。

月季附石盆景对石头的要求不是那么严格，一般用于制作山石盆景的软质石（主要有沙积石、鸡骨石、石膏石、松皮石等）、硬质石（有千层石、斧劈石、龟纹石、英德石、灵璧石、卵石等），只要大小、形状合适都可以使用，但偏碱或含盐量过多的不宜采用，因为此类石材不利于大多数植物的生长，往往会造成叶子发黄脱落，最后死亡。

配石式盆景 特点是将大小、形状适宜的山石置于月季旁侧，使二者相辅相成，都成为观赏主体。

对于树石盆景和水旱盆景，同样的盆，同样的景石（细节可稍作变化），栽种不同类型的植物，也会收到不同的效果，对于月季等观赏期较为集中的盆景更是如此。因此可以考虑，用同一景观在不同的年份栽种不同造型的月季，甚至不同的季节栽种不同种类的植物，像春天栽种梅花，初夏栽种月季，秋天栽种菊花，等观赏期过后，再将植物移栽到较大的盆器内养护。这样，既有利于植物的生长，又使盆景富于变化，常看常新。如下面的3件作品。

▲ 同一景观，栽种不同的月季，有着不同的意趣，但都是对大自然的赞美

▲《野趣》

▲《花之诗情》

▲《最是一年春好处》。“天街小雨润如酥，草色遥看近却无。最是一年春好处，绝胜烟柳满皇都。”春雨脚儿轻轻地走过的大地，留下朦朦胧胧一片绿的印迹，刚刚绽放的花儿，透过雨中草色，让春色更增添了一层欣欣生机……

月季水旱盆景

以月季等植物以及山石、泥土为基础材料，分别应用树木、山石盆景的创作手法，按立意组合成景。并精心处理地形地貌，根据造景需要点缀舟船、牛、马、牧童、樵夫等配件，在盆中表现水域、旱地树林、山石兼有的自然景观。水旱盆景的用盆宜浅而阔，最常用的是白色石质浅盆或天然形成的石盆。

水旱盆景意境典雅，如诗如画。有些文献将水旱盆景归为树石盆景的范畴，但有一些水旱盆景作品是不用石的，而是用泥土做出水岸线，并铺青苔，即便是有石也是树下的点缀，或仅用于围土、布置水岸线或配石。与树石盆景相比，水旱盆景的树木较大，有较大的水面部分，其用石量相对较少。

▶《野趣》

◀《春色》（王霞 提供）

水景的表现

水旱盆景，自然离不开水。在盆景中表现江河湖溪等水景，多以虚拟的形式表现，即“留白”。此类盆景多以长方形或椭圆形、圆形、不规则形状的白色浅盆为载体，材质以大理石、汉白玉为主，在盆中堆石填土，栽种植物，其余的部分则作为留白（这与国画中以留白的形式表现水景有着异曲同工之妙）。可在留白部分点缀小船、桥梁，“岸边”摆放渔翁等配件，以起到点明环境作用，并在适宜的位置点缀小的观赏石，使之有大小、远近的变化，以增加意境的悠远。有人用黑色、蓝色或其他颜色的盆面表示水面，虽然不如白色盆面那么简洁，但对比强烈，凝重浑厚，别有一番特色。

▲《秋江帆影》

包括月季在内的水旱盆景，在创作上存在着两个误区，一是不重视植物的造型，尤其是细部结构；二是石头仅是用来围土栽树，与树木缺少有机的联系。此外，月季水旱盆景还要注意整体画面的平衡和谐。像作品《醉春图》右边偏重，而且几乎没有坡脚，使得整体画面不是那么平衡，显得“愣”，不是很自然。如果在右边做一完美的水岸线、坡脚，在左边摆放一块较小的石头作为远景，并在适宜位置摆放舟船，既可起到平衡画面的作用，又增加了作品的纵深感，使得视野更加开阔。此外，该作品的右侧的草有些“野”，若能适当修剪，则效果更好。

还有的作品水岸线做得过于规整，犹如刀切，使得盆景呆板，缺乏自然气息，这也是不可取的。

▲《春天的乐章》

▲《醉春图》

▲《湖光山色》。湖光山色中，俩老者正在促膝交谈，颇有古意。但水岸线有些僵硬，若能增加些自然趣味，效果就更好了

实例《追梦》

图1　瓦盆中的月季看上去并不起眼。
图2　所选择的白色浅石盆。
图3　将植株从瓦盆中扣出。
图4　将植株种到选好的白色石盆中。
图5　在土的周围点缀奇石，做出坡脚，并用水泥粘牢，使其自然和谐。
图6　完成后审视，发现中间的枝条有些过高，可将其剪去。
图7　完工后经过一段时间的养护，其枝叶繁茂，即将开花。
图8　开花后的效果。

赏析

作品以水旱式的造型，表现出“荡荡一泓碧波，煦煦和风暖岸”的意境。花荫下，水岸边，其淡雅恬静的田园生活，令人向往。

月季小微盆景

小微盆景也称“微小盆景”，是对小型盆景和微型盆景的合称，指植物高度不超过40厘米的盆景。其体量虽不大，但“麻雀虽小，五脏俱全”，其盆景的内涵却一点儿也不小，大中型盆景能表现的意境，小微盆景一样可以，像直干式、斜干式、悬崖式、临水式、丛林式、树石式、水旱盆景等这些造型在小微盆景中都能表现出来。具有精致、自然等特点，在小小的空间内，就能营造出大自然的无限美景，有“掌上大自然”“小空间，大自然”之美誉。立意绝妙、造型精美的月季微型盆景，虽些微于掌上，但却有参天覆地之意。根据不同形态、色彩进行合理搭配组合，使精美的艺术浓缩于博古架上，形成微缩组合盆景。其艺术风韵和魅力独具一格，极大地迎合了人们的审美生活时尚，成为现代家居生活中不可或缺的重要组成部分。可谓是“仿佛烟霞生隙地，分明日月在壶天。旁人莫讶胸襟隘，毫发从来立大千。”

◀《再回首》

月季小微盆景通常以微型月季、姬蔷薇等植物为素材。通过改变树势、修剪等技法进行造型。小微盆景除用小盆种植外，还可植于紫砂壶中，其精巧别致，独具特色。

▲《掌上岁月》

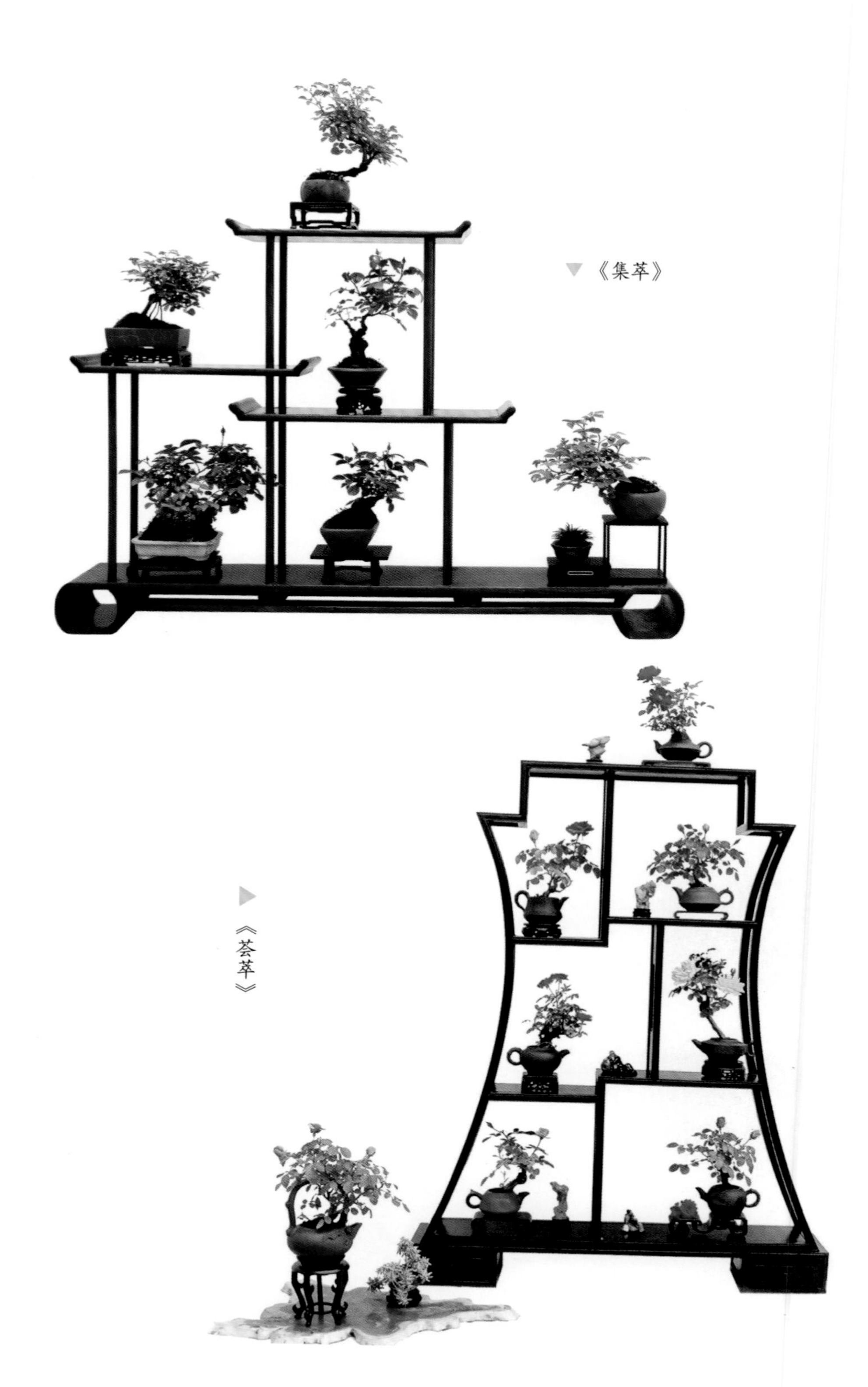

《集萃》

《荟萃》

月季小微盆景平时可将小花盆埋在沙床或其他较大的盆器内养护，这样管理较为简便，并可以有效地避免因花盆过小，引起水分蒸发过快，造成枝叶干枯，严重时甚至导致植株死亡。等参展或拍照、观赏摆放时再将其从沙床中取出，洗去盆上的泥沙，在盆面铺上青苔，并适当整形，点缀奇石或其他盆景配件，然后摆放在小几架或者博古架上观赏。等展览结束或者花谢后再放回原处养护，使其恢复生机。

月季的自然花期是初夏，故国内的月季展根据各地气候的不同，多在4月底至6月初举办，此时正是高温少雨，而展览一般是在室内进行，环境闷热不通风，空气流通性差，昼夜温差小，也没露水的滋润，这些都不利于月季的正常生长。因此，展览期间管理要谨慎小心，不可疏忽大意。一定要注意浇水，最好早晚各浇一次水，必要时可向植株喷水，以保持土壤湿润，增加空气湿度。防止因缺水对植株造成的伤害。

▲ 在瓦盆中养护的月季微型盆景

▲ 种在沙床中的微型月季盆景

实例 微型水旱盆景《归帆入画》

图1 将埋在苗床内、用小盆栽种的月季掘出，并进行适当修剪，剪去造型不需要的枝条。

图2 选择长方形汉白玉浅盆，由于花盆较浅，水量蒸发快，不会造成积水，因此盆的底部也不必有排水孔。

图3 将月季移到汉白玉浅盆内，栽种时注意植株在盆中的位置，使其和谐自然。

图4 剪去过长的根系，然后在土的周围布置石头，制作坡脚，以增加野趣。

图5 完工后的月季盆景，可以连花盆埋在苗床或者沙床以及较大的瓦盆内养护，以便于管理。

图6 开花后，将花盆从苗床内掘出，擦洗去盆上的泥土，配上合适的几架，点缀舟船、人物等盆景摆件，使其更加生动，富有趣味性。

赏析

将山水之灵气浓缩于盆钵之中，俨如意趣盎然的立体画卷，观之如临碧波绿水之前、名山大川之间。

月季古桩盆景

也叫月季老桩盆景。相对于寿命千百年的松树、柏树、国槐、梅花等植物。月季的寿命并不算很长，这是因为月季的木质相对疏松，到一定年龄后主干及老根就会糟朽，但植株并不一定会死亡，而是从基部萌发新的健壮枝芽，并发育成壮实的枝条，长出自己的根系，这是植物进行自我更新的一种手段，很多种类的植物都有此习性，像锦鸡儿等。因此对于大多数月季而言，老桩形成之时，植株已到了衰朽之年，生命力较弱，移栽的成活率很低。对于扦插、压条等无性方法繁殖的植株更是如此。而播种繁殖的实生月季实生植株以及野生的木香、蔷薇、山黄香等有着发达主根，茎干的木质也较为紧实，会相对好一些，移栽成活率稍高一点儿。因此制作大中型古桩月季盆景一般用木香、蔷薇、山黄香的老桩作砧木，嫁接其他种类的月季。而制作微型老桩盆景，则可选择3年以上的微型月季老桩，形态要求苍劲古雅、奇特，具有大树的神韵，修剪后上盆，即成为自然古朴、小中见大的微型月季老桩盆景。

月季老桩，应突出“古”“老”与“桩”，而不是桩材等粗细、大小，并注意其形态的优美，这样制作的盆景虽然体量不大，却苍劲古雅，以彰显其虽历尽岁月沧桑，依旧生机盎然、繁花似锦的风采。

月季老桩的移栽一般在秋末冬初为好，春季发芽前也可进行。移栽时一定要保护好根系，尤其是须根，这是决定是否成活及以后长势的关键。如果是初冬栽种的月季老桩一定要在盆土冻实前入室养护，最好在冷室冬存，如果室温过高，会过早抽出新芽，消耗过多的养分，影响以后的生长。一般情况下，室温应该控制在0℃左右，最好不要超过5℃。冬存期间，必须严格控制肥水，不能施肥，浇水要少。最主要的月季老桩最怕寒风的吹拂，因此要注意避风，切不可放在室外无遮无挡的风口，否则枝干表皮枯皱，甚至整桩死亡。

如果条件允许，可在室外向阳处开挖60厘米深的土窖，将月季老桩放置其中，放置时既可带盆，也可脱盆。如果是脱盆贮存，可去掉根系外层1/3的土，以利于来年春天上盆。遇有极寒天气，则需要加土封培，进行防寒。早春天气回暖，及早逐步去掉培土，以防植株在土中萌芽，因为土中发的芽由于没有阳光等沐浴，又脆又弱，很容易折断。

春季随着气温的回升，天气转暖后，可移至室外光照明亮又无直射阳光处养护，勤向桩材喷水，以保持湿度，但不要浇水过多，以免因积水造成烂根。以后在修剪时应弱短枝先剪，高剪；强壮枝后剪、短剪，以达到抑强扶弱、长势统一的目的。

《暗香泉中来》。嶙峋的躯干，傲然展示着生命的不屈；一湾冷泉，映照着绽放的玉洁芳菲。这满眼绿枝、碧水，清丽素雅；醉人的馨香，彰显着对自然造化的感动和对生命的感悟

老树新枝，别具风采

▲《繁花似锦》　　▲《争艳》

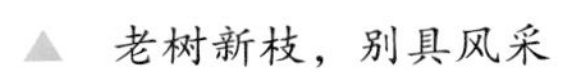

▲ 老树新枝，别具风采

▲《群芳竞秀》

月季立式盆景

立式盆景也称立屏式盆景，就是把浅口盆或石板等竖立起来，放在特制的几架上，并在上面栽种树木花草，粘贴山石，最后再题名、落款，加盖印章，使之成为有生命力的“国画”。

制作时都要精心构思，仔细推敲，并参考国画的一些表现手法，使制作的盆景具有诗情画意。根据摆放环境、地点的差异，选择不同规格的白色大理石浅盆或石板、塑料板以及大小与之相配的植物，以植株矮小，株型紧凑，叶片、花朵不大的，萌发力强，耐修剪，根系发达的微型月季效果最好。制作时先在浅口盆上黏贴（可用水泥或胶料作粘结剂）几块山石，并在山石上打洞，为栽种月季做好准备。等粘结剂干透，山石与盆壁粘贴牢固后，在山石孔洞内填土，栽种事先选好的月季。并对月季进行修剪，剪掉影响美观的枝条，并在适宜的位置栽种一些小草，以丰富植物层次，使作品富有自然野趣。

制作好的盆景应配上几架，几架多以树根、石头制成，大小与盆景和谐统一，风格古朴自然，款式优美，盆景几架互相衬托，相得益彰，并具有较好的稳定性，盆景放上去后要立得稳妥，不倒不歪。

▲《江山如画》

月季时尚盆景

时尚盆景也叫现代盆景，因上盆即能观赏，故也称速成盆景，包括组合盆栽、植物造型、微景观、植物拼盘等形式，具有形式丰富、内容活泼等特点。除作为主体植物的月季外，还有其他陪衬植物。它以盆钵等器皿为载体，辅以各种摆件、小饰物，营造多种风格的景观，或华丽或时尚，或优雅或浪漫，总之，只要能想象到的景意，就能在载体中表现出来。

月季时尚盆景在上盆时也不需要过多的修饰，只是根据需要将其植入盆中即可。并注意高低错落、前后呼应、主次分明，尤其不能过于密集，为植物以后的生长留下必要的生长空间，利于其正常生长。

总之，时尚盆景是想象力和创意的集中体现，它无拘无束，自由活泼。“将梦想中的家园变成现实版的微景观”是其宗旨，这是当代年轻人突出个性、享受自然、追求时尚的特性在盆景创作中的表现。

▲ 树皮、枯木、山石与植物的巧妙搭配，趣味盎然，是对心中大自然的最好诠释

月季插花盆景

插花盆景是插花与盆景相结合的一种艺术，以自然美为创作的最高目标，追求朴实秀雅、寓意含蓄的艺术风格。以方寸盘钵为大地，以自然草木为素材，注重线条、构图的完整和变化，流畅、简洁、清新的形式；用色淡雅脱俗、朴素大方；以写实的艺术手法来表现以形传神、形神兼备、情景交融的深邃意境和自然之美；重视自然美与现实趣味的客观融合，讲求外形、色彩与光线，主张以“真”为出发点，以描写自然之真实美感为目的。多赋予作品寓意深刻的思想性，耐人寻味，回味悠长。月季插花盆景可以用若干种植物来表达自然群落景观、特定区域、时段的自然风光，又可用独木、山石与青苔结合或借助多株群生辅以其他配件加以衬托来表达意境、期望，展现灵动、清丽、优美及诗情画意。总之，它是多种艺术形式的融会贯通，其形象和色彩表现的美学主题，宛如立体的画卷、凝固的音乐、无声的诗，而且其观赏性更佳，充分体现了中国传统美学的精髓。

月季插花盆景以紫砂盆或汉白玉、瓷盆等盆器为载体，其陪衬花材要求叶子不大，枝条优美，像柽柳、松树、爬墙虎、美女樱、天门冬、龙枣、鸢尾等都是不错的材料。制作时不要做过多地雕琢与装饰，以月季等植物自身的美来表现大自然的绚丽多彩，生机盎然。

▼《花之韵》

工夫在诗外

盆景是植物造型艺术。月季盆景的创作，除谙熟月季的植物特点、盆景造型艺术外，还要从大自然、古典诗词、绘画以及哲学、美学等其他门类中汲取养分，即“功夫在诗外”，使作品具有较高的文化品位。

师法自然

盆景是大自然精华的浓缩与艺术化再现。因此，制作盆景一定要师法自然，认真观察，仔细琢磨大自然中，尤其是一些名山大川、旅游景区、深山老林、旷野郊外树木的根、干、枝的布局及走势形态，从中汲取养分，将其融化在月季盆景的创作中，使作品既符合月季的自然规律、物种特色，又有盆景的美学特征，以避免闭门造车，使作品不伦不类。唐代画家张璪提出的“外师造化，中得心源”艺术创作理论，其中的“造化”指大自然，“心源”指作者的内心感悟，其意思是艺术创作来源于对大自然的效仿，但自然的美并不能够自动成为艺术的美，对于这一转化过程，艺术家个人情愫的融入和构思是不可或缺的。

▲ 野趣，是盆景常用的题名。但要野得有趣，野得有味，万不可野得过度，否则作品杂乱无章，就不是艺术品了

▲ ▼ 老根绿叶相映成趣，表现出生命的顽强

◀《含苞待放》

◀《我心飞扬》

▼《翠》

盆景要表现人文精神

在制作盆景时，不仅要表现该植物的生物特征，更要注重其人文精神，以抒发个人的感情，即“借景抒情”。像月季盆景，就要表现其花团锦簇、绚丽多彩的一面，将其最美的精华部分提炼出来，艺术化地浓缩于盆钵之中，使植物的自然美与盆景造型的艺术美有机地融为一体。

▲《琴韵》　▲《花开花落》　▲《岁月沧桑》

◀《壶中春色》。壶中天地，自有乾坤。满目春色，景色旖旎。

▲《守望》　　▲《壶中岁月》

▶《邀月》。“花间一壶酒，独酌无相亲。举杯邀明月，对影成三人……我歌月徘徊，我舞影零乱。醒时同交欢，醉后各分散。”

夜，犹如一汪春水，泛滥着星汉的涟漪。心，借一钩新月，弹拨起记忆的倩影。随着那徐徐熏风，思念在清幽的琴声里袅袅飘洒……

留白

留白，是指在艺术创作中，为使作品画面、章法更为协调而有意留下的空白。这是一种极具中国美学特征的艺术手法，在国画、书法以及以京剧为代表的中国戏曲等艺术门类中有着广泛的应用。设计精妙的留白并不是空洞无物的，而是根据描绘对象的不同，给人以丰富的联想。

由于月季的叶大、花大，在其盆景创作中，更要适当的留白，以使得作品疏朗空灵，白而不空，形成气场，使欣赏者与作者的心灵实现跨越时空的衔接，融入作者营造的意境中，从而产生共鸣。像文人树盆景中的留白，通过合理的布局，以大面积的空白，细长的高干展现线条之美，配以寥寥的枝叶，简洁中蕴藏苍劲之力，使得作品刚柔并济，气韵生动。而在水旱盆景中，则常常用留白的方法表现水域，这与国画中以留白的形式表现云雾、天空、江河，京剧中以马鞭表示马，船桨表示船，桌椅表现山岗、楼台等虚拟性有着异曲同工之妙。

总之，恰当的留白能达到“对云山野水，起无限之思”“虚实相生，无画处皆成妙境”“画里空疏处，个中尽是诗”的艺术效果，可谓“不着一字，尽得风流”。

《雅趣》。禅，融汇了质朴、内敛、神秘的东方文化，营造出简约、高洁、静谧、自然的氛围。所谓禅意，是心绪的解脱与度化，是自然元素与人为张力“虚中带实，实中有虚”之“天人合一”的境界与思维

▲《回首》

▲《热情似火》(杨自强 作品)

▲《壶中岁月》

▲《金色年华》

▼《春之曲》

自然与艺术

“作画妙在似与不似之间，太似为媚俗，不似为欺世。”这是齐白石论述自然与写实的至理名言。就连最真实的艺术——摄影，在创作时也要有构图的取舍、光线的应用、镜头焦距的选择，使作品画面产生虚实、明暗、大小、浓淡的对比，而不是将眼中看到的一切都纳入镜头，如此才能将自然的真实变为艺术的真实。像拍摄月季花，同一枝花，用不同角度不同的光线不同的镜头不同的背景，所拍摄的作品效果完全不一样，但画面中的这枝月季花是真实存在的，而不是凭空臆造的，只不过是经过了艺术加工，采用不同的拍摄方法，使其变得更加符合人们的审美观念。

对于月季盆景而言，可以通过对桩材的取舍加工，对干、枝、根的培育，利用造型技法，将不同植株的月季，甚至是其他植物的优点融合在一件盆景上。通过艺术化处理，使之产生直与曲、高与矮、枯与荣、藏与露、点与线、疏与透、聚与散、争与让、远与近等方面的对比，以产生美感，即“如诗如画”。盆景中所表现的树木的这些特点必须是大自然真正存在的（而不是无中生有、闭门造车），只不过是经过了艺术夸张（这个“夸张”是有度的，而不是盲目的、无限的夸张），而且还要符合月季的自然规律，像大多数月季都是主干粗侧枝细，树冠则下面大上面小。因此在造型时要注意这个特点，切不可侧枝比主枝还粗，树冠上大下小。如果违反自然规律，作品必将是“无源之水，无本之木”，难以持久。

▲《红艳礼赞》。虽生性高贵典雅，却自甘媚俗，博众人所爱；花姿娇艳俏丽，却枝上具刺，令轻狂者止步。美丽，但不可亵读，风采和风骨兼备，这就是月季的性情

▲ 这组作品均为微型盆景，其实物不大，造型各异，能够以小见大，表现出大树的风采

臆造与虚构　夸张

臆造就是凭主观意想编造。

虚构是对自然素材进行加工、改造、提炼、概括、集中，从而创造出能够反映自然本质，更真实、更具有普遍性的艺术典型，艺术的虚构不是凭空编造，不是故弄玄虚，而是必须接受自然规律与逻辑的制约，“不是远离自然，而是比自然更加自然的艺术化的自然（即源于自然又高于自然）”是其本质。不真实的虚构是对自然本质的歪曲，是对自然规律的背离，这是臆造，是虚假的艺术。没有虚构的真实是自然主义的真实，是缺乏典型化的低级的真实，是把艺术真实降低为自然事实。要做到艺术虚构与艺术真实完美融合，作者必须有丰富的阅历和洞察能力（即石涛所说的“搜尽奇峰打草稿”），并具有丰富的艺术想象力和敏锐的艺术感受力。

夸张是在客观真实的基础上，有目的地放大或缩小其自然形象特征，使该特征更加明显和突出，但同时又在可接受的范围内，不至于离奇。夸张是一般平常中求新奇变化，通过虚构把审美对象的特点和个性中美的方面进行夸大，以激发观者的兴趣和想象力。

月季盆景是将月季的自然属性进行艺术化处理，可以夸张，可以虚构，但不能凭空臆造。

▲ 偌大的树冠，以夸张的手法表现出植物的枝繁叶茂。而发达的树根则起到稳定树势的作用，避免了头重脚轻

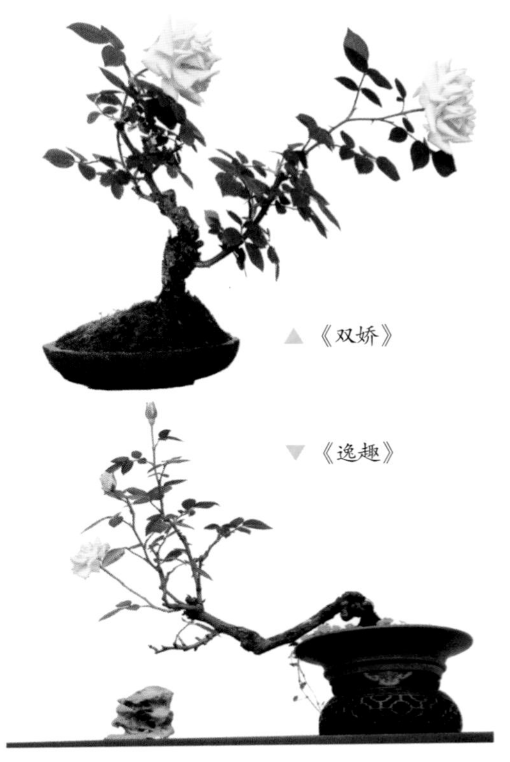

▲《双娇》

▼《逸趣》

▲ 硕大的花朵，细长的枝条，将张扬的个性表现得淋漓尽致

▲《飞扬》

▲《我心飞扬》

黄金比例分割

黄金分割是指将整体一分为二，较大部分与整体部分的比值等于较小部分与较大部分的比值，这个比值约为0.618。这个比例是被公认为最能引起美感的比例，因此被称为黄金分割或黄金比例。在绘画、雕塑、音乐、建筑工程等多种艺术领域及工程设计方面有着不可或缺的作用。

黄金分割在月季盆景创作中可用于盆景外形长与宽的比例、盆的长度与盆景高度的比例（此种形式常用于卧干式或连根式等造型的盆景中）、盆长与冠幅的比例（多用于水旱盆景中，以表现景的平远、视野的开阔）以及冠幅与树高的比例、结顶重心的位置、飘枝出枝的位置、不等边三角形树冠长边和短边的比例关系、丛林式盆景中各种树高及树与树之间距离的比例关系等。

需要指出的是，在月季盆景创作中，黄金分割并不要求严格的数字计算，可将1：0.618简化为3：2、5：3、8：5等。总之，只要是直观感觉协调的比例，都可视为黄金比例。

《花之语》

▲ 月季是以观花为主的盆景，有些作品的花量不大，但位置、比例适当，不失为一种风格，有着以少胜多的艺术魅力

继承　发展　创新

盆景的各种造型不是一成不变的，而是在继承中求变化，变化中求发展，发展中求创新。

继承，首先要继承中华传统文化的精髓，其次要继承盆景技艺的精华。在此基础上，根据月季品种的不同、桩材形状的差异以及所表达的内容灵活应用各种技法造型，使月季盆景的自然美与艺术美有机地融为一体。并尊崇月季的植物种特点和自然规律，如月季的枝条直立性强，在造型时就不宜追求所谓的“以曲为美，直则无姿”，将其塑造得弯弯曲曲，势若虬蚓，这样不仅与月季的自身属性及人文精神不符，也使得作品凌乱，不自然。

总之，造型是“技术”，是“能耐”，是“形式”，而如何应用则是“艺”，是“法”，是“术”，是“内容”。月季盆景要通过“技与艺”“技与法”“技与术”的结合，灵活应用自己的能耐和本领，以“形式”表现“内容”，从而达到理想的效果，使月季变成有生命的艺术品。此外，随着时代的发展变化，人们的审美趣味也在不断地变化，就盆景艺术而言，也在不断创新发展。可以说盆景是一门既古老又时尚的艺术，它紧扣时代脉搏，在继承中创新，在创新中发展，在发展中得以传承。正因如此，盆景也被称为有生命的艺术品、活的艺术品，其中的“活”“生命”，不仅表现在盆景中的月季是鲜活的生命体，更表现在创作手法的灵活以及强大的生命力上。但万变不离其宗，不论怎么变化，什么样的创新，都要在继承传统的基础上进行，不能脱离盆景的固有规律，更不能偏离“大自然的艺术化再现和精华浓缩”这一宗旨。

▲《姐妹情》　　▲《同根生》

▲《火红年华》

▲《欲放》

▲《野趣》

▲《呼应》

▲《守望新红》

诗情画意

诗情，是中国盆景艺术独有的特色和内涵，是自然、情感、艺术的交流融汇。月季盆景不仅仅是体现“古朴典雅，雄秀多姿”的自然美，更是汇集自然美、情操美、生活美于一体，以热烈真挚的情怀色调，放纵时尚生活唯美的意韵与追求，诠释传统文化艺术诗情画意般的绚丽与本真。

“留住瞬间是永久，拼却灵动无声名”。所谓画意，是指盆景艺术作品具有绘画的艺术造型效果，追求唯美的画面语言及美好的设计内涵；自然而不矫情，本真而不趋俗，周到而不夺目，华美而不艳俗。超凡脱俗、含蓄空灵，强调情感、意境和形式的完美结合。

中国盆景艺术追求“源于自然，高于自然”“借诗情立意，取画意造景”的艺术塑形目的和因材施艺，概括凝练的塑形原则。

一件成功的盆景艺术作品，既要饱含诗情，又极富画意，是诗与画的结晶。其塑形不是照搬自然，而是外形、内涵、意蕴的浑然天成。

▲ 红花绿叶，相得益彰

▲《心曲》

▲《论道》　▲《春天的歌》

▲《思香》　▲《溢香》

月季盆景制作与养护

【技法篇】

盆景的造型，
就是通过蟠扎、修剪等技法的应用，
改变植物枝干的方向走势，
使之达到所需要的形态。
其中修剪是月季盆景最为常用的技法。

常用工具

月季盆景造型常用的工具有剪子（包括枝剪、长柄剪、小剪刀等）、钳子（包括钢丝钳、尖嘴钳和鲤鱼钳）、刀（包括嫁接刀，凿子及平口、圆口、斜口、三角口等各种雕刻刀，常用于茎干的雕凿）以及手锯、镊子、锤子、錾子、小刷子等。其他还有盛水的水盆、水桶，浇水的水壶和喷水的喷雾器，蟠扎用的扎丝、麻皮和胶布（枝干蟠扎时垫衬在树皮表面，避免伤及树皮）等。

▲ 凿子（计燕 提供）

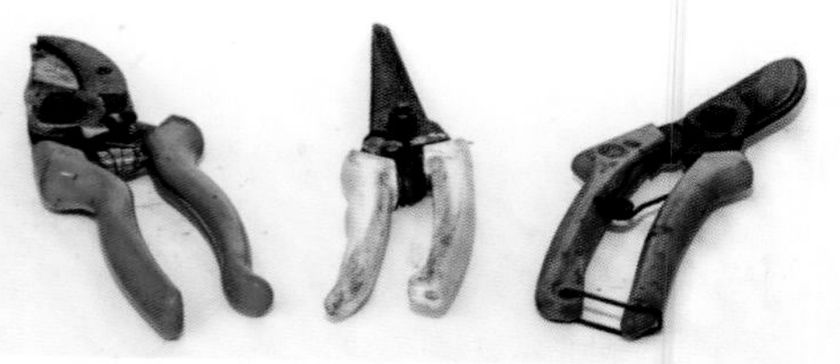

▲ 剪子（计燕 提供）

▲ 花铲（计燕 提供）

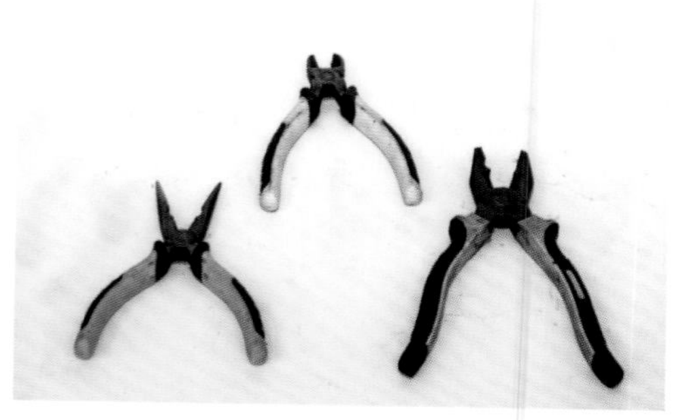

▲ 钳子（计燕 提供）

修　剪

盆景中的月季是有生命的，是会不断生长的，如果任其自然生长，不加抑制，势必影响树姿造型，从而观赏性降低甚至失去艺术价值。所以必须及时修剪，去除多余的部分，留其所需，补其不足，以扬长避短，达到树形优美的目的，并能加强树体内部的通风透光，有利于月季的健康生长。

修剪是植物盆景造型的基本技法，相对于蟠扎，修剪出来的盆景更具有自然属性。月季盆景的修剪包括剪枝和整形两个方面。其中整形可使月季按照自己的意愿生长，达到造型优美的目的；而剪枝则是协调生长与开花的关系。具体方法有疏剪、短剪、缩剪等。

疏剪

就是将影响树形美观的枝条从基部剪除。通过疏剪，使植株通风透光好，营养供应集中，生长旺盛。幼树及早疏剪，可有利于正常发育生长；整形时疏剪，可使留下的造型枝条得到充足的营养，加速成型。成型的月季盆景，通过疏剪，可起平衡营养的作用，使之老而不衰。疏剪时要剪除病虫枝、平行枝、交叉枝、重叠枝以及其他影响美观的枝条，并注意服从艺术造型的整体要求，凡是不符合造型要求的多余枝要全部剪除。

月季盆景的修剪可在生长期随时进行，尤其是基部萌发的直而无姿的徒长枝、更新枝更要及时剪除，以保持盆景的优美，并避免消耗过多的养分，影响其正常生长。

短剪

就是把月季的长枝短截，刺激剪口下的腋芽萌发，形成较强的侧枝，从而达到促其分枝，便于造型的目的。在整形中，将多余的枝条疏剪后，就要将留下的造型枝短剪，促使造型枝一年萌发2~3次芽。发一次芽进行一次短剪，就会迅速增加造型枝的分枝级数，并能使每级枝序缩得很短，不拉长枝条。因此，短剪是控制月季生长，保持其矮性的有效措施，又是树桩具有老树形态、及早成型的重要手段。

缩剪

即对多年生的枝条进行回缩修剪，它是缩小树冠、维持形态优美的有力措施，也是促使萌发新枝、恢复树势的重要手段。对树桩姿态较好、但树冠大、主枝长的月季盆来说，单靠对一年生枝条的短剪和疏剪是无法达到桩景造型要求的，通过缩剪，可使大树变小，有利于盆景造型。月季盆景的缩剪一般在初冬进行，有时也可在春季萌芽前进行。修剪时可剪去大部分枝条，只保留其基本骨架。

需要注意的是，盆景月季不能像盆栽月季那样采取“一刀切”的方法修剪，将树冠修剪得平平整整，而应按盆景的修剪方法，将其修剪得错落有致，疏密得当，富有层次感。对于造型不需要粗大的枝干，可用锯子锯截。锯截后应对截口进行雕琢，使之自然和谐。

无论什么样的修剪，都要有作品的整体观念，切不可为了一枝一叶，一花一朵的美感而影响盆景的整体造型，对于粗枝以及成型枝的修剪一定要小心谨慎，仔细审视，否则一旦误剪，将会造成不可逆转的损失，至少在几年内影响观赏性。

▲ 修剪后，经过多年的生长，其枝条刚健有力，富有沧桑之美

▲ 该作品开花繁多，主干曲折有致，但下部枝条有些遮掩主干了，显得有些杂乱，若做适当修剪，效果会更好

▲ 该作品枝干虬曲苍劲，开花繁多，但右侧树干上的修剪伤口缺乏自然气息，若将其进行适当修饰，做成自然形成的伤口，效果更好

▲ 用修剪技法造型的月季盆景

▲《惊艳》

▲ 修剪后的枝条刚劲挺拔，层次分明

▲《野趣》

蟠 扎

蟠扎也称盘扎、攀扎、绑扎、作弯、摆形等，是植物盆景造型的传统技法，也是其最基本的技法之一。由于月季自身直立性强、枝条质脆、容易折断，故在实际操作中很少使用蟠扎的技法造型。但对于蔷薇、藤蔓型月季等种类，可通过蟠扎调节枝条的位置。蟠扎按使用的材料不同，可分为棕丝蟠扎和金属丝蟠扎两种，月季盆景以金属丝蟠扎为主。

金属丝蟠扎就是用金属丝等材料缠绕在植物的枝、干，使之按要求的弯曲姿态和走势生长，待其姿态和方向固定后，再解除蟠扎使用的金属丝。操作简便易行，基本能一次定型。常用的金属丝有铁丝、铜丝、铝丝等，其中的铝丝、铜丝因柔韧性好，易于弯曲而得到广泛应用。现在不少花市、专卖店、网店都有专门

▲《绿的守望》

▲《岁月沧桑》。姬蔷薇等植物有着发达的侧根，可将其扭在一起，进行蟠扎造型，并提根，使盆景虬曲苍劲，具有沧桑之感

的扎丝出售，而且有着很多的规格。可根据枝条的粗细选用不同的金属丝，一般来讲，粗的枝条用较粗的丝，细的枝条用较细的金属丝。蟠扎时要注意力度的把握，应顺势而为，逐步加大力度，切不可使用蛮力，以免将枝条折断。

牵引，也称引导、引领，是蟠扎的一种方法，是指将位置不合适的枝条用粗细适宜的金属丝进行牵引，使整体枝条布局合理。

▲《峥嵘岁月》

【景盆篇】

月季盆景制作与养护

景盆，
就是把造好的景移入盆中，
如此才能算是一件完整的盆景作品。
这就需要了解盆器，
知道如何应用盆器以及盆土的配制、
月季在盆中的位置和栽种角度、
盆面的处理等方面的学问。

盆 器

盆，是景的载体，没有盆，盆景也就无从谈起。需要指出的是，盆景中的“盆”是一个广义的概念，除通常意义上的盆外，还包括能够栽种植物的朽木、树根、杯、茶壶、山石、石板等。总之，这里所说的“盆”是一个栽种植物的器皿，而不是单纯的盆。

▲ 不同的盆器

以材质分

盆以材质分有瓦盆、塑料盆、紫砂盆、釉陶盆、石盆以及水泥盆、竹木盆、藤编盆、铜盆等。目前使用较为广泛的是塑料盆、瓦盆、紫砂盆、瓷盆、石盆、水泥盆等。

瓦盆 又叫泥盆、素盆。由黏土烧制而成，颜色主要有灰黑和砖红等，其外观粗糙笨拙，不甚美观，但透气性好，主要用于月季桩材的“养坯”和幼苗的培育。近年来由于受环保等多种因素的影响，瓦盆已经很少有人烧制了，使用的人也不多，取而代之的是塑料盆。

塑料盆 价格低廉，可模仿紫砂盆、瓷盆等，但不上档次，主要用于普通商品月季的栽种；也可用于“养坯”和育苗。

紫砂盆 即紫砂陶盆，由一种俗称为“紫砂泥（泥中泥）”的黏土为材料，制胎后，不着釉彩，经1000~1150℃的高温烧制而成，其质地细腻、坚韧，有着肉眼看不到的气孔，既不渗漏，又有一定透气性和吸水性，非常适合植物根系的发育。

紫砂盆的颜色以呈肝紫色的紫砂红为主，兼有青蓝、墨绿、铁青、紫铜、葡萄紫、栗色、豆青、白砂、姜黄、葵黄、浅灰等颜色，有的紫砂盆还在泥里掺入少量的粗泥沙或钢砂等，制成的盆器有着特殊的颗粒感。有些紫砂盆表面还刻有或画有花鸟鱼虫、人物、动物以及书法作品，如同精美的工艺品，除了栽种植物外，还可把玩收藏，陈列观赏，其中的一些微型和小型盆器尤其受收藏者青睐。

▲ 瓦盆

▲ 紫砂盆

▲《旋舞曲》。来自大自然的舞蹈，奇特而富有趣味

紫砂盆主要产于江苏宜兴，此外浙江嵊州、四川荣昌、河南宝丰等地也有生产，古朴典雅，款式和规格都很丰富，可用于各种造型的植物盆景，是月季盆景的主要用盆。

瓷盆　以高岭土为主要原料，内外均施釉彩，经1300~1400℃的高温烧制而成，颜色有青、白、紫、蓝、绿等，还有不同颜色的组合，像青花、五彩等。

瓷盆全国各地都有生产，以江西景德镇的最为著名，其质地细腻、坚硬、美观，但透气性差，如果用于栽种月季盆景，应注意配土要疏松透气、排水良好，以免因积水、土壤通透性差造成烂根。

▶《探幽》。蓝色釉盆更能衬托出作品的幽静典雅

釉陶盆　以广东石湾所产最为著名，故也称石湾盆，先用可塑性好的黏土制胎，外壁上釉，内壁则为素胎。再入窑经900~1200℃的高温烧制而成。颜色有蓝、绿、黄、紫、白、红等，即便是同一种颜色也有深浅、浓淡的差异，有些盆的外壁还绘有花草、动物、人物以及凸出的钉头、环等进行装饰美化。釉陶盆如果常年放在室外，经过日晒雨淋风刮等自然侵蚀，原来的色彩逐渐褪去，呈现出白色或淡青色，谓之“冬瓜白”或“冬瓜青”，其古朴厚重、脱俗大气，是难得的收藏品。

釉陶盆的规格款式较多，色彩丰富，可用于多种形式的盆景，在岭南盆景中使用尤为普遍。由于气候原因，月季在岭南盆景应用的很少，故釉陶盆在月季盆景中使用的也不多。

石盆　也称凿石盆，是采用汉白玉、大理石、花岗岩等石料雕凿而成，颜色多为白色，也有白色中夹杂着浅灰等色的纹理，此外还有黑色的墨玉盆，较为稀少。其盆沿极浅，形状有长方形、椭圆形、圆形、不规则形等。具有质地坚实细腻、不透水等特点，常用于丛林式或水旱盆景。

◀ *石盆*

还有一种天然石盆，由石灰岩洞穴中的岩浆滴落地面聚集而成，因其边缘曲折多变，好像云彩，故被称为“云盆”，还有的云盆形似灵芝，所以又有“灵芝盆”之称。云盆的颜色多为灰褐色，边缘不是很高，多呈直立状。其自然而富有野趣，多用于制作丛林式盆景或水旱盆景、树石盆景。

由于天然云盆数量很少，现已开发出人工仿制的云盆，将普通的石头掏挖出沟槽，栽种植物，制成盆景。此外，还有在质地相对松散的火山石挖洞栽种植物，其粗犷自然，风格独特。甚至直接在石板上垒石堆土，栽草种木，营造景观。

▶《冰清玉洁》。浅盆更能衬托出视野的开阔，使作品富有大自然气息

▶《争艳》。山石上盛开着灿烂的花朵，顽强的生命力让人赞叹

水泥盆 价廉、坚实、耐用，外观可做成白色、紫砂色等，还可画上图案，多用于大型或超大型月季盆景的制作。

以形状分

盆景盆钵的形状丰富，像盆口就有正圆形、椭圆形、正方形、长方形、六角形、八角形、菱形、海棠花形、扇形、不规则形等多种形状，其深浅也有很大的差异。在长期的使用中，还形成了固定的称谓。

马槽盆 指长方形，中等深度的盆器，其盆口稍大，底部略小，盆壁厚实，形似马槽，看上去质朴厚重，适合种植卧干式、斜干式等造型的月季盆景。

签筒盆 特点是高而深，盆口以正方形为主，形状如同寺庙里的签筒，口大底小，此外盆口还有圆形、六角形等形状，整体显得孤高清瘦，适合于悬崖式、临水式等造型的月季盆景。

撇口盆 也称飘口盆，盆口圆形，有着较宽的盆沿，底部小，看上去飘逸活泼，常用于临水式、斜干式等动感较强的盆景。

斗盆 也叫方斗盆，盆口、盆底均呈正方形，口大底小，有些中间稍外鼓，形似古代的量具“斗”，其端庄方正，又不失灵巧，可用于悬崖式、临水式、斜干式、直干式等多种造型的月季盆景。

浅盆 以汉白玉、大理石等为材料，极浅，形状以椭圆形、长方形、不规则形为主，兼有圆形或正方形。此类盆器过去常用于山石盆景的制作，后来逐渐延伸到水旱盆景及丛林式盆景的创作，用其白色的盆面表示水，如同中国画中的留白，效果极佳。

▲ 浅盆

菖蒲盆 小型盆，盆口圆形或正方形、椭圆形、长方形、中等深度，最初是用来种植菖蒲的盆器，后逐渐延伸到小型观赏草、多肉植物等的栽种。在月季盆景中，常用于种植栽种一些小草，点缀于主景一侧，也可作于月季微型的盆器。

异形盆 指月牙形、立式壁挂盆、球形盆、房屋形盆、阶梯盆等打破形状常规的盆器，此类盆器若应用得当会显得时尚别致，令人耳目一新，若应用不当则会显得不伦不类。

▲ 月牙形盆

▶ 时尚盆器

残缺盆 即破损的盆、瓮、罐等器皿，甚至一块残片，都能使用。此类盆器若应用得当，会收到意想不到的效果，表现出残缺美的魅力，近年来还有厂家专门模仿生产此类盆器。

时尚盆器 材质以瓷质为主，造型或时尚卡通，或奇特怪异，色彩叶较为鲜艳，多用于时尚盆景的制作。

其他盆器

除了专用的花盆外，生活中的一些器皿也可用于月季盆景的制作，像紫砂壶、茶杯、杯托、瓮、罐以及碗、盘各种形状的西餐餐具；朽木、树根等都可以使用，对于较深的容器，应在盆底钻孔，以利于排水，而较浅的器具因水分蒸发较快，可不必打孔。由于这类器皿不是很大，多用于微型和小型盆景的创作，其中的紫砂壶应用较为普遍。

▲《茶香四溢》

▼《壶中春色》。无风无雨好晴时，壶中春色溢新娇。一方紫砂壶，一品清秀物。一个形制优美，颜色古朴，一个生机盎然，青翠欲滴。二者的结合使新绿与古拙融为一体，确实不失为雅趣。闲来细品观赏，别有一番“春色伴朱泥，赏绿胜品茗”的新鲜意趣

实例

图1　选好的紫砂壶。

图2　在壶底打孔（孔的形状既可以是圆形，也可以是长条形或其他不规则形状），以利于排水。

图3　将选好的微型品种月季进行修剪，去掉多余的根及枝条，使其植株虽小，却不失苍老之态。

图4　在紫砂壶内填上配好的栽培用土。

图5　将修剪好的微型月季栽入紫砂壶。

图6　将紫砂壶埋入较大的盆器内，以方便日后的管理。

盆器的应用

什么样的造型配什么样的盆也是有讲究的，有时同一棵月季，配不同的盆，表现的效果也有较大差异。

盆景配盆应使人感受到树木生长于原生地环境的景象，树与盆要相辅相成，相得益彰。再好的景，若配盆不当，也会缺乏稳重和谐之感。月季盆景在选择盆器时首先要注意大小深浅是否合适，一般而言，大树用大盆，小树用小盆。若树大盆小，如同小孩儿戴大帽，重心不稳，有头重脚轻之嫌，而且因盆小土少，养分和水分都不能满足植株的需要，会使得植株生长不良，由于盆器小，水分蒸发较快，需要经常浇水，日常管理也比较繁琐。反之，如果树小盆大，会给人以小孩儿穿大鞋的感觉，比例失调，影响美观。一般来讲，盆的直径要比树冠略小一些或大小基本一致，也就是说月季的枝叶要伸出盆外一些，至于伸出多少为宜，就要根据具体情况而定了。但也不能一概而论，有时小树用大盆，配上布石、配件等盆面处理上下功夫，也能显出景的趣味性；反之，有时大树用略小的盆钵，更能呈现瘦高耸立的感觉。

▲ 该作品盆与植物基本同高，若能换一个稍浅一些的盆，并剪除下面的一些枝条，露出主干，则效果更佳

盆形代表大自然的各种地形。高深的签筒盆能联想到悬崖绝壁的景象，适合种植悬崖式盆景。中深的盆有丘陵的感觉，适合种植斜干树。浅口盆能表现平原地貌及水域的广袤，适用于丛林式、水旱式等造型的盆景，以彰显视野的开阔。斜干式、曲干式、丛林式、提根式则宜中等深度的长方形或椭圆形盆。总之，浅盆更能衬托出植物的高大伟岸、视野的开阔，中等深度的盆会使作品显得端庄稳重，而深盆则会彰显植物旁枝斜出的飘逸之感。但也不能墨守成规，有时用深而高的签筒盆栽种高耸的文人树造型植物，甚至盆器成为树干的一部分，以衬托其孤傲清高的神韵。

盆的颜色也不容忽视，对于以观花为主的月季盆景，宜选择色彩明快的青瓷、浅黄、墨绿、白等颜色，才能相互辉映，相得益彰。此外，还要注意盆壁上的装饰图也不要过于繁琐，也不要使用颜色过于艳丽的盆，以免喧宾夺主，影响意境的表达。而赤泥、朱泥、紫泥、铁砂等颜色的紫砂盆沉稳古气，很能彰显月季花的绚烂娇艳。总之，二者的颜色要有一定的差异才会显得美。

▲ 该作品悬根露爪，苍劲古雅，但盆有些深，若能换个浅盆，则效果更好

▲ 稍浅的盆更能衬托出树的高大

▲ 紫砂盆与青枝绿叶、盆面的青苔相得益彰，使作品稳重大方

◀ 蓝色釉盆更能衬托出红花的娇艳（北京纳波湾园艺有限公司 提供）

实例《彩的绚丽》

图1　种植在四方形筒盆内的月季虽开花娇艳，但整体上却有些杂乱。

图2　将植株从盆中扣出，注意勿使土团散开。

图3　将其移至圆形浅盆中，进行提根处理，并在盆面铺上青苔，栽种小草，做出自然和谐的地貌形态，使作品清新典雅。

1

2

3

赏析

“新红无意花入画，老绿有情画如花。”花是灵性之物，更是有情之物。除了具有赏心悦目的形态美，生命之幻化之意趣外。花还能撩人情思，畅神达意，陶冶情操。中国人世世代代爱花赏花，认为花中蕴含着中华民族的品德、气节和情怀。盆景是国人观花之后悟出的一种更高的艺术境界，是对花更深层次的情感和精神寄托。

盆土的配制

在地栽或大盆、木箱等较大容器中种植的月季对土壤要求不是很严格。但作为盆景的月季盆器一般不大，所能装盛的土壤不多，因此盆土要精心配制，为月季的生存创造一个好的环境。对于月季盆景，要求能够很好地固定植株，营养丰富，疏松肥沃，排水透气性良好，pH呈微酸性至中性。

月季盆景常用的基础材料有：

园土

即田园土、菜园土、花园土。取自花园、菜园或田园，有良好的团粒结构，营养含量较高，其缺点是透气透水性较差，故应与疏松性、透气透水性俱佳的基质混合使用。

腐叶土

由各种植物的落叶堆肥沤制而成。其营养元素丰富，疏松透气，质轻，是较为理想的月季栽培基质。使用时可加入园土以稳固植株。

草炭土

由半分解的植物碎屑构成，质地松散细腻，pH偏低，呈弱酸性，富含有机质，能有效地增加土壤中的团粒结构。

塘泥

池塘湖泊地层沉积的富含营养成分的泥土。富含丰富的有机质，肥力充足。经陈化晾晒，形成块状或颗粒状，破碎后，质地较硬，不易粉末化，具有良好的保水透水性。不足之处质重。

木屑

来源容易，价格低廉，有机质和营养成分含量高，是很好的盆栽基质。但其质轻，可与相对质重的基质混合使用。

河沙

具有来源广泛、价格低廉等特点。缺点是不含有机质，日照时内部升温过快，容易损害月季的根部；颗粒度难以把握，太粗保水性不足，太细透气性较差。

珍珠岩

是压碎的硅酸盐加热至982℃，膨胀形成内部充满空气的白色颗粒。其质地极轻，pH7.5，无生物活性，不含有机质，可与其他栽培基质混合使用，通气效果极佳。

蛭石

是云母类矿物加热至1000℃后高温膨胀而成。其质轻，含有较多的钾、钙、镁等矿物质元素，吸水能力强。缺点是不含有机质，呈弱碱性，需要加入酸性基质才能使用。容易破碎，不能重压，使用1~2次就得更换。常用于扦插育苗，或掺入其他基质使用。

盆面上的青苔，能够有效地防止浇水时将土壤冲刷掉，对于高出盆面的土壤更是如此

炉渣

煤炭燃烧后的残渣，有着良好的通气性和保水能力，含有氮、磷、钾及其他矿物质，pH适中。缺点是受生产环境的影响易污染，使用时需要粉碎成小颗粒状。而且使用前最好能用清水浸泡，以消除杂质（俗称退火）。

以上材料一般不作单独使用，可两种或几种混合使用，以满足月季生长对养分的需求。此外，其他花卉栽培基质还有椰糠、泥炭土、黄土等，还可根据各地的情况，选择不同的材质，灵活应用。

近年来，市场上还出现了盆景专用土或花卉栽培专用土，具有清洁卫生、使用简便等优点，但其价格相对较贵。此外生产厂家鱼龙混杂，假冒伪劣现象也不是没有，因此在购买时要选择信誉好的正规厂家产品。

赤玉土、鹿沼土、桐生砂以及富士砂、柏拉石、日向石、植金石等都是近年从日本引进的高级园艺栽培介质（有些国内已有生产），由火山沙、火山岩等制成粗细不一的颗粒状，具有良好的排水性、蓄水性和通透性、流通性，对月季的根系生长发育非常有利，但有机质含量较少，可掺入树皮、泥炭、椰糠或其他含丰富有机质的材料使用。

▲《青春之歌》　　▲ 月季盆景

上盆与翻盆

上盆，是将基本成型的月季从“养坯”的瓦盆、塑料盆以及其他不是很美观的盆器或地栽状态移入紫砂盆、瓷盆、石盆之类的观赏盆。

翻盆也称改植、换土、换盆。其目的主要是更换部分盆土，有时还要更换盆器，使盆景保持良好的长势并提高其观赏价值。

盆土，是植物赖以生存的物质基础。月季，是以观花为主的盆景，其生长速度较快，需要的养分较多，每年都要翻盆换土，以满足植物生长对养分的需要。否则土壤的肥力耗尽，土壤板结，排水透气性、保水保肥性日趋衰退，同时植物的根系布满全盆，大量须根沿盆壁而生，在盆的周围形成一个网状兜，其吸收水分和养分的能力变弱下降。

翻盆时既可用原来的盆，也可根据需要更换新盆，甚至改变种植角度，使作品变得更完美。如果使用新盆，应选择那些外形端正、不斜不歪、表面应尽量完整、不要有裂痕或缺口及其他瑕疵的盆器，盆脚则要平稳，盆钵内部的形状要平整、气孔多、质地细腻、厚薄均匀，盆底的排水孔良好，并在盆底的最低点。旧盆则要洗刷干净，并用日晒或高锰酸钾溶液消毒。如果盆面有题字、绘画等应注意区分正反面。

月季的上盆与翻盆时间以2~3月的春季萌芽前后最为适宜，如果能够保持土团不松散，也可在其他季节进行，但要避开夏季的酷热天气和冬季的严寒气候。由于上盆前对月季的根系作了修剪，使得植株头重脚轻，而且培养土一般也较为疏松，植物入盆后很容易摇晃，甚至倒伏，从而对根系的恢复造成不利影响，对于浅盆中的植物更是如此。为此，可用铜丝、铝丝等金属丝将植物与盆器绑扎固定。方法是先在盆底外放一铁棒，用金属丝拴牢铁棒后，穿过排水孔，将树桩与盆捆牢固。

上盆时应避免将月季种在盆的正中央，较倾斜的一方或多枝的一面，应留下较大的面积。右流向的树，右边要留较广的面积，反之也亦然，其比例以4：6或3：7为最佳。植物最好能种得比盆面略高一些，微微露出根部，以显出年代感。

土面应比盆缘和盆中低一点，以避免浇水时水溢出盆子，并突出盆中植物的高大。此外，还要注意树的走势要自然协调，或直或斜，或倾或仰，并注意“提根”，即将部分老根露出土面，使之悬根露爪，以增加盆景的苍劲之感。“提根”应逐渐进行，每次提一点，切不可操之过急，一次完成，以免因环境突然改变对月季的生长造成不利影响，严重时甚至导致植株死亡。此外，也可在浇水的时候，循序渐进，用水冲刷掉根部的一点泥土，天长日久，其根部就会露出土面。

并注意不要将土添得太满，应比盆沿稍低一些，以避免浇水时水溢出盆面。栽后浇透水，将月季移至无直射阳光处缓苗，注意经常向植株及周围环境喷水，以增加空气湿度，有利于生长的恢复。等7~10天，植株恢复生长后再移至光照充足处养护。

实例

图1　选择种植在瓦盆里的微型月季。
图2　将植株从瓦盆内扣出进行修剪，以缩小树冠；并去掉部分泥土和根系，便于上观赏盆。
图3　上盆时在盆底垫上纱网，以防泥土顺着排水孔流失；由于盆浅，可在盆底的排水孔中穿上金属丝，便于固定植株。
图4　在盆内放上配好的培养土。
图5　上盆时应稍倾斜一些，以增加作品的动势，避免呆板。
图6　上盆后的效果。
图7　将小盆埋入较大的瓦盆中，方便日后的管理。
图8　将大瓦盆放在遮阳网下，进行缓苗，并浇一次透水。

1

2

5
6a
6b

盆面处理

盆面处理是月季盆景制作过程中比较容易被忽视的地方，很多作品的用盆、造型等都很不错，但是盆面的处理却很毛糙简陋，不是黄土裸露，就是草草铺上几块青苔。这些都会使盆景的艺术性和观赏性大打折扣。

那么，盆面究竟应该怎么处理呢？常用的盆面处理有以下几种。

铺青苔

这是最为常用的月季盆景盆面处理方法。青苔，也叫苔藓，种类很多，月季盆景中较为常用的是葫芦藓，此外还有白发藓。青苔多生长在温暖的潮湿之处，使用时可去采撷，然后铺在盆面上。铺青苔时应注意盆土起伏的变化，做到自然合理，以烘托盆景所营造的氛围。切不可铺得像足球场的草坪，缺乏地面纹理的变化，否则会使盆景显得匠气，缺乏灵性。铺后，应用喷壶向盆面喷水，以借助水的压力使之与土壤结合牢稳，并对接缝之处进行修整，使之看上去自然和谐。青苔喜湿润的环境，怕强烈的直射阳光，因此养护时（尤其是刚铺好的青苔）应注意经常喷水，以保持足够的湿度。

▲《金色年华》

▲《淡泊》

栽种植物

即在月季盆景盆面栽种一些小型植物进行装饰，以遮掩盆土，美化盆面，这类植物通常被称为“护盆草”或“盆面植物”。所选的植物要求植株低矮、习性强健、覆盖性良好。常用的有天胡荽、小叶冷水花、薄雪万年草、玉龙草等。大多数的盆面植物都具有习性强健、生长迅速的特点，因此平时应注意打理，随时拔去过多的部分，避免其根部缠绕在一起，使得盆土板结、透气性差。对于所保留部分也要注意修剪，以避免杂乱粗野，影响美观。

对于大多数铺面植物来讲，其株型及叶子的大小与光照有着很大的关系，光照越充足株型越紧凑，叶子也越小，反之株型松散，叶子变大。

▲《野趣》

▲《枯木逢春》

撒颗粒

这是近年来应用较多的一种盆面处理方式，在盆面撒上一层陶粒、石子或其他颗粒材料，这样处理看上去虽然较为整洁卫生，但却与盆景的整体效果不协调，缺乏自然气息。而在盆面上撒一层砾石或风化岩的残片，其苍凉悲壮的景色与月季娇艳的花朵相映成趣，别有一番特色。

▲ 盆面上的白色颗粒使作品更加洁净雅致　　▲《老树新花》

布石

也叫点石、贴石，就是在盆面点缀观赏石，以起到平衡整体布局、稳定重心的作用，点石时注意石与树要高低参差，避免二者等高，形式可借鉴中国画中的树石图。其对石头的种类要求不严，但形状和色彩要自然，不要使用人工痕迹过重的正方形、长方形、三角形等几何形石块，否则作品不自然；也不要使用鲜艳的红、绿等颜色的石头，以免与月季娇艳的花朵近色，喧宾夺主。此外，还要注意，不要将树干的主要观赏点遮挡。

有的月季盆景树冠很美，但主干过细，可在树干旁边放置一块大小形状相适应的山石，以避免作品显得头重脚轻。有的长方形或椭圆形盆钵，一端栽种植物，另一端空旷无物，使得整体缺乏平衡感，可在空旷之处放置山石；悬崖式盆景如果下垂的枝干过大，也可在盆面点石，以起到平衡重心的作用。为了营造自然和谐的地貌景观，也以盆面点石来增加作品的野趣。布石时应将石头埋入土壤，使之根基沉稳自然，避免轻浮做作。

▼ 北京纳波湾园艺有限公司 提供

▼ 北京纳波湾园艺有限公司 提供

▲ 石的应用使作品更富有大自然野趣，并在一定程度上起到稳定树势的作用

综合法

综合采用点石、栽种富有野趣的小草、铺青苔等方法，将盆面处理得自然而富有野趣，并结合配件的合理应用，提高盆景的艺术性。

▲《野趣》。作品采用水旱式造型，在浅盆中垒石堆土，做出沟壑起伏的自然地貌，陆地部分栽种薄雪万年草，并点缀数丛微型月季，使之产生大小、远近的对比，以增加作品的层次感和纵深感

《春之曲》（北京纳波湾园艺有限公司 提供）

《花团锦簇》

【养护篇】

要养好月季盆景，
就得了解月季的基本习性。
我们知道，
现在栽培的月季均为人工选育品种。
而且盆景月季的养护与地栽月季、
盆栽月季的养护有着一定的差异。

温 度

月季喜温暖湿润和阳光充足、通风良好的环境，忌阴湿，耐寒冷。生长适温夜间10~15℃，白天20~25℃，高于35℃、低于5℃则生长不良。月季在地栽的环境中能耐-15℃的低温。但对于盆景，由于长期在较小的盆器内，其土壤不多，根系难以舒展。而且为了符合人们对盆景的审美要求，还要将部分根系露出土面，此外造型中的修剪、蟠扎等也会对植株造成一定的伤害，这就使得盆景中的月季长期处于亚健康状态。因此日常管理养护一定要谨慎小心，不可马虎大意。

月季盆景可在春季2~3月发芽前后进行翻盆换土，盆土可用疏松肥沃、排水良好的中性至微酸性土壤，pH超过7.2时则生长不良。翻盆时应在盆底放些腐熟的碎骨头、动物的蹄甲片或过磷酸钙等含磷量较高的肥料作基肥。

▲ 北京纳波湾园艺有限公司 提供

《枯木逢春》

《春天的旋律》

《期待花季》

光 照

月季盆景在4~10月的生长季节可放在室外阳光充足、空气流通的地方养护。在长期荫蔽的环境中，会因光照不足，造成植株羸弱、徒长，节间距离拉长，枝条纤细，长而不充实；叶片变得大而薄，颜色也淡。花开的不仅稀少，花小而色淡，香味也大打折扣，严重时甚至难以形成花蕾，更谈不上开花。因此，充足的阳光是养好月季盆景的关键，在此环境下莳养的月季盆景枝条充实，叶色浓绿，花朵大艳丽，香味也浓郁。

但对于小盆内或浅盆内的月季盆景，在炎热的夏季也要遮去中午前后的直射阳光，以免强烈的阳光造成土壤温度过高，对根系造成伤害。此外，发芽展叶后，才翻过盆的月季盆景，也要放到无阳光直射处缓苗3天左右。而长期摆放在室内或其他光照不足处的月季盆景也不要突然拿到阳光下暴晒，以免强光灼伤叶子。

▲《根的旋律》　　▲《争艳》

▲ 充足的阳光能使花的颜色更娇艳，而且花梗挺拔，若光照不足，则花梗软弱，花朵下垂

浇　水

月季盆景在生长期浇水应做到“见干见湿”，盆土过于干燥和积水都不利于植株生长，晚春及初夏北方地区常有干热风出现，除正常浇水外还应经常向植株及周围地面洒水，以增加空气湿度，避免新芽嫩叶焦枯，夏季高温时水分蒸发量很大，要及时补充水分，以免叶片发蔫，影响生长，最好每天早晚各浇一次水。无论什么时候浇水都要浇透，不要浇半截水。小盆内的微型盆景及浅盆内的水旱盆景、附石盆景，因土壤较少，保水能力差，更要及时补充水分，以免干旱对植株造成不利影响。

雨天则要停止浇水，雨后若有盆土被冲刷掉，应及时培土。连阴雨天注意排水防涝，避免根系长期泡在水中，造成烂根。冬季因其处于休眠状态，所需要的水分不多，故也不宜浇水过多，保持土壤湿润即可。

▲ 月季盆景浇水一定要浇透，对于微型盆景可以将花盆放在水盆内浸盆，但时间不宜过长，以免因积水造成烂根

▲《年华》

▲《守望》

▲《红颜礼赞》

施　肥

肥料的种类

月季在生长过程中所需要的各种营养成分谓之“肥”，主要有氮、磷、钾、碳、氢、氧、硫、镁、钙等元素，其中的氧、氢、碳可以从空气中获得，其他元素则需通过根系，从土壤中获取（也可将某些肥料用水稀释后喷洒到叶子上，通过叶片的吸收获取）。在众多的营养元素中，氮、磷、钾所需要的量最大，一般土壤中这3种元素的量不能满足植物的生长需要，所以施肥的主要目的是补充这些元素，使植株生长健壮，花朵正常开放，且花大色艳。而硼、锰、锌、铜、钼、铁等微量元素虽然需要量很少，但对月季生长发育的调节有着至关重要的作用，可通过微量元素专用肥加以补充。

氮肥　主要是促使月季生长茂盛，增加叶绿素，加强营养生长。缺少氮肥会使植株瘦小，枝条瘦弱，新梢生长缓慢，不充实，叶片黄绿。但氮肥太多会导致组织柔软、茎叶徒长，且不充实，花少且畸形，易受病虫侵害，耐寒能力降低。

氮肥主要有人粪尿，马、牛、羊、猪等粪便，鱼肥、马掌等属动物性氮肥；芝麻渣、豆饼、菜籽饼、棉籽饼等植物性氮肥。以上两类均系有机肥料。矿物质氮肥则有硫酸铵、硝酸铵、尿素、氨水等，均为速效氮肥，通常用作根外追肥，但长期使用易使土壤板结。

磷肥　能使月季茎枝坚韧，促使花芽形成，花蕾的发育，花大色艳。并能使植株生长发育良好，多发新根，提高抗寒、抗旱能力。磷肥不足会使植株生长缓慢，叶小、分枝或分蘖减少，花果小，成熟晚，下部叶片的叶脉间先黄化而后呈现紫红色。缺磷时通常老叶先出现病症。

含磷较多的有机肥有骨粉、米糠、鱼鳞、家禽粪便等。无机磷肥有过磷酸钙、磷矿粉、钙镁磷肥等。其中最常用的过磷酸钙常与有机肥混合后用作基肥，亦可用作月季盆景的根外追肥。过磷酸钙宜用于中性或微碱性土壤。不适宜施于酸性土。

钾肥　钾在植物体内移动性较大，通常分布在生长最旺盛的部位，像芽、根尖等处。钾肥能够促进植物茎干发育和根系的生长，提高光合作用效果，增加植物的抗旱、抗寒、抗病能力，弥补冬季室内光照不足。此外，钾肥还能够使月季的花色鲜艳。缺钾会导致植株叶缘出现坏死斑点，最初下部老叶出现斑点，叶缘叶尖开始变黄，继之发生枯焦坏死。钾肥过量，会引起植株节间缩短，全株矮化，叶色变黄，甚至枯死。

草木灰是有机钾肥的代表，其含速效钾(K_2O)5%~10%、磷(P_2O_5)2%~3%，并还含有其他微量元素，用作追肥和基肥均可。无机钾肥则有氯化钾、硫酸钾等均属酸性肥料，可用作基肥和追肥。

铁 能促进月季叶色浓绿，增加光合作用。缺铁会造成月季幼枝新叶的叶色变黄，但叶脉仍能保持绿色，后期可见黄叶上出现绿色网纹，严重时除叶脉变成绿色外，其他部位全变成黄白色。可在施肥或浇水时掺入少量的硫酸亚铁（黑矾），能起到很好的预防作用。

充足的水肥供应是月季生长良好的基础，如此才能枝繁叶茂，花色绚丽

镁 缺镁会使月季的叶缘两侧中部现黄色的不规则状条斑，扩展后，中脉两侧融合成黄色条带，主脉和基部保持近三角形绿色或全叶变成黄褐色，造成落叶和枝枯。

肥料按种类划分可分为无机肥、有机肥、微生物肥等类型。

无机肥 是矿物肥料，也叫化学肥料，简称化肥。是用化学合成的方法生产出的肥料，主要包括氮肥、磷肥、钾肥以及氮磷钾复合肥，其他还有微量元素肥等。无机肥所含的有效成分高，大多数溶于水，易被植物根系吸收，故也称速效肥。速效水溶肥不仅可用灌根，还可向叶面喷施。叶面施肥也称根外施肥，是一种见效快，且相对于灌根追肥

绿叶的重要功能就是进行光合作用，合成养分，使花朵开得更娇艳

更安全，尤其是当月季花出现缺乏某种营养元素时，使用根外追肥，可在短时间内改善症状。但无机肥也存在着长期使用易造成土壤板结、浓度掌握不好容易烧根等不足。还有一些肥料，如磷酸二氢钾既含磷又含钾；硝酸钾含氮和钾，均可用于月季盆景的叶面喷施。

有机肥 是含有大量有机物质的肥料，主要来源于植物或动物的残体、废弃物，富含大量的有机物和氮磷钾等营养元素。具有营养全面、肥效持续时间长、有利于改善土壤环境、促进土壤内微生物繁殖等特点，但也有气味难闻、清洁卫生性差等不足。尽管如此，有机肥仍是月季盆景的主要用肥。

微生物肥 也称生物有机复合肥，是汲取传统有机肥的精华，结合现代生物技术加工而成的肥料，具有无污染、无公害、营养全面、能够活化土壤、改善土壤结构、增强土壤肥效等优点。

微生物肥是将对植物生长有利的微生物，经过人工分离培养成的生物制品。它不被植物直接吸收利用，但它能帮助植物吸收利用其他营养元素，像固氮菌肥料、根瘤菌肥料等。

肥料的施用

了解了这么多肥料的知识，那么，怎么正确给月季盆景施肥呢？施肥主要有基肥和和追肥两种方式。

基肥 在上盆时将肥料施入盆底部的土壤中，植物盆景多用动物的蹄片、骨头、腐熟的饼肥等作基肥。

▲ 充足的养分能使月季生长健壮，枝繁叶茂，绽放出美丽的花朵

追肥 在植物的生长期，为补充土壤中某些营养成分而追施的肥料。月季盆景施肥应按季节施以不同特性的肥料。春天随着气温的升高，月季会迅速发芽、展叶，此时可施1~2次氮肥，其主要目的是为了促进叶子的快速生长发育，可用含氮量较高的肥料，也可用2000倍的尿素灌根和喷叶子，当然高氮的肥料不要多用，否则很容易造成叶子徒长、抗病性下降。随着月季叶子大量长出来，就可以过渡到氮磷钾以及防治菌害的复合肥，可以根部追肥的形式进行，即把肥撒在盆土表面，以后随着日常浇水，这些复合肥可以逐渐下渗到土壤里，供根系吸收，其效果比较好。当月季花蕾开始出现时，就可以向叶面喷施1%的磷酸二氢钾溶液了，一般10~15天一次，以促进花蕾的发育，避免落花、落蕾现象。等花蕾开始显色时，就要停止施肥了，但是此时千万不要缺水，否则会使毛细根大量损害，影响开花。

▲《逸趣》

月季开完花要迅速剪除残花，并大量追肥，因为开花时会消耗大量的养分，花后修剪、追肥，可以提供养分，帮助植株快速地恢复长势。夏季月季会因高温而生长停滞，此时应停止施肥或者降低施肥频率、浓度，使之安全度夏。到了秋天月季大量长叶，就可以重复春天的施肥策略了，但到了晚秋就要停止施肥，尤其要停施氮肥，以免催发秋梢，使其冬季受冻害。冬季可施1次大的饼肥，或迟效有机肥，像腐熟的厩肥、堆肥等。无论什么时候都不要施浓肥、未经充分腐熟的生肥以及肥效高的无机肥，以免正在生长的新根受浓肥的剧烈刺激，造成根部幼嫩细胞发生外渗现象，致使新根萎缩。使得叶片发焦、起皱、僵化，严重影响植株的正常生长，甚至全株枯萎，整株死亡。

此外，还可以使用玉肥盒给月季盆景施肥。所谓玉肥盒，就是一种镂空的软质塑料盒，而玉肥是一种长效有机颗粒肥，直径从1厘米到2.5厘米不等，玉肥盒可以完整地包裹每一粒玉肥，使肥料养分顺着根部直接渗入土壤内部，不会像传统肥料一样污染土壤表面及盆面的苔藓，还可避免烧根。

至于其他微量元素只要注意用土、及时换盆，一般不必额外补充。

叶面施肥 是对根部施肥的重要补充，二者配合施用，能使植株生长更健壮，

▲《静等花开》

花开更加艳丽，抗病能力加强，最大程度地抵御病虫害的发生。尤其在早春气温低、植株尚未从土壤中汲取充足的氮肥时，使用叶面施肥效果更为显著。但要注意，叶面施肥只能起辅助作用，不能代替常规的土壤施肥。

一般在春季花芽长至2~3厘米时首次施用，第2次施用为幼叶长出时，第3次施用则为叶片成熟时，第4次施用为坐蕾时（此时喷施改为花蕾营养调控素），第5次为花蕾露色（花期禁用时），第6次为残花修剪后再发芽至2~3厘米时，以此类推。整个生长期内施用10次左右，平均每15天1次。

不是任何肥料都能用作叶面施肥，只能用溶解度较好的无机肥，如常用的尿素、硫酸铵、硝酸铵、氯化钾、过磷酸钙、磷酸二氢钾等。这些肥料搭配可以依据月季的需要组合，可以混合使用，也可以单独使用。常用的月季叶面肥配方有：

①尿素1.25克，磷酸二氢钾1.25克，水1升，构成氮、磷、钾的完全肥料，浓度为0.25%。

②尿素112.7克，硫酸钾112.7克，硫酸镁56.3克，硫酸亚铁28.3克，水284.3升，浓度为0.125%。

③硫酸锰15克，硫酸镁20克，螯合铁10克，硼酸5克，水25升，浓度为0.2%。 此方为矫正微量元素缺乏的配方，一般在叶子出现缺素症状时喷洒，每间隔7～10天喷洒1次，一直喷到缺肥的症状消失时停止。

叶面施肥应注意溶液浓度要控制在0.2%左右，浓度高易损伤叶子。嫩叶吸收比老叶快，叶背吸收比叶面快，施肥时要注意喷遍植株的树冠及叶背。叶面施肥是让溶解在水里的肥料，通过叶片上的气孔或叶面上的角质层，逐渐渗入叶片而对植株起作用。因此，保证肥料能顺利进入叶片是叶面施肥的关键。最好在无强风的早晨喷洒，高温晴天不宜喷洒，下雨前后更不宜喷洒。应采用喷细雾的喷雾器进行喷洒，以便肥液充分渗入叶面上保留1时左右不干，使其充分渗入叶片内部。还可以与杀虫剂、杀菌剂一起喷洒，以取得供给养分及防治病虫害的双重效果。所用肥料要在喷洒前预先泡制好，使其充分溶解，要滤去杂质及沉淀物，以便于叶片的吸收。

控　形

控形就是控制月季盆景的形态，使之具有最佳观赏效果。月季盆景的控形以修剪为主。对于成型的月季盆景，可在花谢后及时移到室外阳光充足处，并剪去残花及上部的枝条（一般从花朵下的第3片复叶开始修剪），以免消耗过多的养分，影响生长，修剪时最好将芽口留在外侧，并剪除使树冠蓬松的长枝，以留出下次枝条伸长开花时的位置，使树冠形态优美。生长期要及时除去砧木上萌发的枝芽及其他影响树美观的枝条。

每年的11月对植株进行一次定型修剪，剪除枯枝、弱枝、徒长枝和内膛枝，并将所保留的枝条剪短，只保留基本骨架，修剪时注意高度的错落，疏密的得当，使之符合盆景的审美要求。

此外，还可利用盆器的大小来控制月季的冠幅大小，因为盆器的直径越大，月季的树冠就越大，一般来讲，月季的树冠比盆器的口径略大一圈儿即可。

▲ 老树新花

放　养

所谓放养，就是将月季盆景栽种在较大的盆器内，给予充足的水肥供应，使之生长健壮，恢复树势。

我们知道，成型的月季盆景一般是栽种在或小或浅的盆器内，盆内的土很少，仅仅能够维持其生命的延续，很难使盆内的月季健康生长。长期下去，就会使得植株衰弱，造成退枝，甚至植物死亡，所以盆景界有“盆景成景之日就是死亡之日（即功成身退）”的说法。因此，对于成型的盆景定期放养（一般每隔3~5年放养一年），是保证其健康的必要条件。放养期间要进行翻盆换土，并剔除根系中的老化根、病残根和死根以及过密的根。放养阶段尽量不要作剪枝、抹芽、蟠扎等控形措施（尤其是对于需要保留的枝片更要任其生长，但如果顶端的枝条生长过旺，可加以控制，以去除植物的顶端优势，使其营养分布合理，有利于树势的恢复）。养护中尽可能地给予植物适宜的阳光、土壤、水肥，满足其最大的需求，使月季的各项生理机能得到健康恢复。

▲ 虽然杂乱，却也葳蕤茂盛，期待未来更美好

▲ 放养的目的是让植物根系发达，枝繁叶茂，可暂时不考虑其造型是否优美，等其恢复长势后，可通过换盆、修剪、提根等方法，重新上盆，使之具有较高的艺术性

越　冬

地栽的月季在室外能耐–15℃的低温，但作为盆景栽培的月季由于盆钵不大，土壤较少，越冬温度最好在0℃左右，但也不宜过高，否则会使植株提前发芽，对翌年的生长造成不良影响，以不超过5℃为宜。

冬季的寒风对月季影响极大，甚至是月季的头号杀手，而其次才是低温。因此，有条件的话，最好将月季盆景移至冷室内或将盆埋在室外避风向阳处越冬。对于种植在浅盆、小盆内的微型盆景更要注意保护，以免寒冷的气候将盆冻透，从而冻坏根系，可将植株从紫砂盆之类的观赏盆中扣出，深栽于大盆或室外地下越冬，最好能罩上塑料薄膜，以防止寒风的侵袭。

月季耐湿冷，不耐干冷，虽然冬季月季的活性差，吸收的水分很少，但根系仍会吸收少量的水分，因此越冬时宜保持盆土微湿状态，不可过于干旱，但也不宜长期潮湿，以免烂根。

▲ 冬天的月季虽然没有娇艳的花朵，但其新枝绿叶也清新动人

改　作

盆景是“有生命的艺术品”，月季盆景亦然。有生命，就有变化，这些变化或来源于植物自身的生长，或通过修剪、蟠扎、换盆等盆景造型技法来实现。对于已经成型，甚至获得过大奖的盆景重新造型，进行二度创作，谓之“改作”。这是盆景创作的继续，成功的改作能使盆景脱胎换骨，焕然一新，具有“凤凰涅槃，重获新生”的艺术效果，能够较大地提高盆景作品的档次。

对于成型的盆景，看久了，难免会产生审美疲劳，遇到这种情况不妨换个盆，换种盆景造型，也会收到意想不到的效果，这也是对盆景的一种改作。

▲《风雅》改作前后

赏析

月季既不如牡丹般雍容华贵，也不如菊花般娇媚逗人；既不像梅花清雅宜人，更不像兰花般清新碧绿；既不似荷花典雅羞涩，也不像桂花馨香馥郁。但她那勃然的生机、绵延的花期、厚积薄发的品性，确令百花无语。月季就是月季，年年岁岁，月月年年，那般娇艳、那般馥郁、那样清新、那样青碧……

退枝的处理

所谓退枝，是指在月季盆景的养护过程中，某个在造型中起着重要作用的枝条，因种种原因枯死，使得盆景出现残缺、不完美。若遇到这种情况，可对其进行重新造型，使之旧貌换新颜，再度焕发青春。如果方法得当，可以把将要淘汰的残次品变成艺术品，从而达到化腐朽为神奇的艺术效果。

《舞风弄影》右侧的枝干退枝后，将其短截，并将残留部分做成舍利干，以表现其苍老古雅之态。剪去部分枝条后，其形姿犹如灵兽献宝，故重新命名为《献瑞》。

▲《舞风弄影》　▲《献瑞》

花期的延长和调控

月季虽然能够一年内持续开花，但以春末夏初的第一茬花开得最好，因此国内的月季展也多在4月下旬至6月初进行。

月季盆景在开花前可用牵拉的方法调整枝条的位置，以使花朵分布合理。开花后停止施肥，控制浇水，以避免因水肥过大而导致植株新芽长势过旺，使花朵得不到充足的养分而提前凋谢。

花开之后可适当采用遮阳网遮阳，或将盆景移至其他无直射阳光处，不过遮阳网的透光率不要低于70%，否则会因光泽不足，使花色、花香大打折扣。家庭环境中，若无遮阳网，也可移至其他光照明亮又无阳光直射处。这些措施都是为了降低温度，使植株处于相对冷凉的环境中，以达到延长观赏期的目的。

月季可通过修剪控制花期，在生长期，月季经修剪后，45~50天可再次开花，可利用这个习性进行花期控制，如8月10~15日进行修剪，到“国庆节”即可开出又大又美的花朵。

为了使月季盆景在元旦或春节开花，可进行温室催花，首先选择生长健壮充实的月季盆景，放在10~20℃的温室内，给予充足的水肥供应，60天左右可开花。需要注意的是在温室内催开的花朵，由于光照条件，尤其是紫外线的强度不够，花茎较为软弱，若花朵过大，很容易耷拉向下垂。

▲《花季》

▲ 花的世界，红的热烈，黄的灿烂，粉的温馨，姹紫嫣红，美不胜收

病虫害防治

月季的病害

月季的病害主要有黑斑病、白粉病、霜霉病、锈病、炭疽病、花叶病以及根瘤病等。其中常见的是白粉病、黑斑病、霜霉病。

白粉病 主要由白粉菌引起，随风传播至叶片上，直接危害月季的花蕾、嫩叶及嫩芽。其症状最初不是很明显，一般为白粉状近圆形斑，扩展后病斑可连成片，导致花朵畸形发育，色彩黯淡，嫩叶嫩梢卷曲畸形，从而使植株失去生机，严重时花瓣也可能被白粉病侵染。该病一般发作于4月中下旬至6月初以及9~10月，有时也会延至11月中下旬。最适合白粉病孢子繁殖的温度为16℃，湿度70%~90%，适合孢子成熟和扩散的温度为27℃，相对湿度为35%~70%。

白粉病可用粉锈宁防治，该药为保护性杀菌剂，微毒，具有广谱性，见效快，适合发病初期使用，约7天喷施一次，药液可根据说明书上比例进行勾兑，略浓一些也无药害。

黑斑病 多半由放线孢子属真菌引起。叶片嫩枝和花梗均可受病害，以叶片最为严重。黑斑病通常会出现在叶片正面，初为放射形丝状斑，扩大后呈圆形至近圆形，边缘有放射状细丝，不断向外扩展。病斑直径1.5~1.3毫米，深褐色至黑色，后期中间颜色逐渐变浅。病斑周围有黄褐色晕圈，病斑之间相互连接引起叶片大面积变黄，有时病斑会出现绿色外缘，病叶易脱落。黑斑病属于世界性病害，月季、玫瑰等蔷薇属植物均有发生。但不同月季品种的抗病性有所差异，一般来讲叶片表面光滑、株型扩张的品种相对抗病。

黑斑病应以预防为主，及时清除落叶杂草，剪除病枝以及过密枝叶，加强通风透光，尽量降低空气湿度，注意选择晴好天气松土，以减少土壤中水分长期滞留。若病害发生可用百菌清防治，其效果明显。

霜霉病 为温室性病害，具有起病急、染病快等特点。霜霉病主要危害植株中下部叶片，造成紫红色至暗红色不规则斑块，最终导致叶子变黄而脱落。霜霉病发生的最适宜温度为25℃，湿度为100%，故控制栽培环境的温度和湿度至关重要。可在春季发芽展叶后移至室外通风良好处养护，若是大棚或阳台等封闭的环境种植，也应加大通风，如此可大大降低发病风险。

霜霉病可用敌菌灵、瑞毒霉（甲霜灵、甲霜胺）等药物防治，一般喷施3~4次，间隔期为7天。

根瘤病 月季的根瘤病是一种土壤杆菌属的细菌引起的病害。主要发生在根颈、侧根及嫁接口处。发病初期，病部形成灰白色瘤状物，表面粗糙，内部组织柔软，为白色。病瘤增大后，表皮枯死，变为褐色至暗褐色，内部组织坚硬，木质化，大小不等。长根瘤的月季生长不良，叶面发黄，根系的数量减少，根瘤成倍增长。根瘤病是可以传染的，只要在同一块地里种植带有病原的月季，都会传染给其他健康的植株。对于月季来说，根瘤病无疑于癌症，因此它也被称为根癌病。

月季根瘤病以预防为主，平时可加强管理，多施有机肥，增施磷钾肥，并注意防涝，以促进根系生长发育。尽量使用微酸性土壤栽培，使之不利于细菌的繁衍。及时防治地下害虫，注意对各种伤口的消毒和保护，上盆时硫酸铜100倍液浸根6分钟。若发现及时，可将病瘤刮去。若病瘤过大，或密集成片，则难以治愈。

月季盆景的病害应以预防为主，可加强栽培环境的通风透光，把修剪掉的老、枯叶彻底清除。家庭环境中可用低毒高效的药物喷施，为了避免产生抗药性，可几种药物交叉使用。

月季的虫害

月季的虫害有蚜虫、红蜘蛛、螨虫、介壳虫、刺蛾、蓟马、月季茎蜂、叶蜂、金龟子、露尾甲虫、卷叶蛾、叶蚤、蠓、月季锯蝇、夜蛾以及危害根系的地下害虫线虫、蛴螬等。其中蚜虫、红蜘蛛较为常见。

蚜虫 俗称腻虫、蜜虫，约有4300种，最大的特点能分泌含有糖分的蜜露，看上去黏黏糊糊的，并能吸引蚂蚁等其他昆虫来食。危害月季的蚜虫主要是月季长管蚜、桃蚜等，集中于嫩梢、花蕾、花梗及部分叶片上，吸吮汁液引起受害部位畸形，其长势大大减弱，甚至失去观赏价值。同时蚜虫分泌的蜜露还会导致煤污病的发生。长管蚜以成蚜在月季、蔷薇、玫瑰等蔷薇属植物的叶表和叶背越冬，在-2~-3℃的环境中仍可存活，较为适宜的繁殖温度为20℃左右。过冬后的成蚜

▲ 月季新叶上的蚜虫

于4月上旬起即在月季幼芽、新叶、嫩梢、花蕾、花枝及部分叶片上危害。5月可称为第一次危害期，7~8月间雨季来临，并伴随着高温蚜虫数量下降，有时甚至绝迹。9月中旬至10月上旬气候较为干燥，有利于蚜虫繁殖，因此10月中下旬会出现第二次危害期。

蚜虫可用吡虫啉、溴氰菊酯、氟氯氰菊酯以及敌敌畏等药物防治。具体使用办法可参考说明书。

红蜘蛛 学名叶螨，危害的月季主要是二点叶螨，当然也有其他种类的叶螨。红蜘蛛的繁殖速度极快，尤其是在高温干燥的环境中繁殖更快。其危害期藏匿于植株下部叶片的背面，刺吸汁液并吐丝结网。被害叶片出现极为细密的白色斑点，使叶表失去光泽，由于中后期虫口密度快速增长，月季全株的叶表、叶背及枝条、花蕾等均可遍布红植株，使得叶片卷缩枯焦如同火烤，植株生长停滞，花朵褪色，严重者甚至整株死亡。

二点叶螨体色有红色、淡黄色和黄绿色，一般随寄主植物的不同而有所差异。其发生代数各地不一，气候温暖的南方地区一年可发生20多代，寒冷的东北地区一年12代左右，世代重叠，以北京为例，4~6月是其高发期。

红蜘蛛可用杀螨脒、哒螨酮、苯丁锡、四螨嗪、塞螨酮、哒螨灵、三氯杀螨醇等药物防治。其稀释比例按有关的说明书。

需要指出的是月季的病、虫害的发生，是相辅相成的。像蚜虫易引起煤烟病；蛴螬、线虫啃食根系，形成伤口，易引起根瘤病。

其他伤害

除上述病虫害外，月季盆景在养护中叶子发黄脱落也是不容忽视的。其原因是多方面的，主要有：①浇水过多或连阴雨天雨水浸泡可导致叶子发黄，继而脱落，直至长出新的枝叶。②土壤过于黏重，根部缺乏透气性导致叶子发黄脱落。③深秋时节，盆内长期（10天以上）缺水，导致叶片发黄，但不脱落。④长时间冻害导致落叶。⑤根部遭受害虫轻度啃食，导致叶片脱落。⑥施浓肥或农药浓度过大，植物生长调节剂使用不当，也会导致叶片发黄脱落。⑦霜霉病、黑斑病防治不及时，造成叶片发黄脱落。⑧伤根严重、提根过多、裸根植株如果在高温高湿季节上盆，在其服盆期或缓苗期，叶片也会发黄脱落。

可根据以上具体情况，通过改善栽培技术和栽培环境进行预防。需要指出的是，落叶是月季植株对外界环境变化的适应，并不会导致植株死亡。而叶子上部发黄、不脱落，直接干枯在枝条上才是最可怕的事情，出现此种情况，轻者枝条枯死，退枝，重者整株死亡。

此外，在搬运及日常养护时，也要谨慎小心，以免外力对植株造成伤害，其轻者花朵碰坏、枝条折断，重者花盆打烂、主干折断，整盆盆景完全毁掉。

【观赏篇】

盆景，
素有“一景二盆三几架”的说法。
一件完整的月季盆景作品除了最基本的配制
一盆和盆中的景致外，
还要有几架的衬托，
而合适的配件点缀，
则能点明主题，延伸景意；
恰当的题名，
有着画龙点睛的作用，
使作品更具有诗情画意。

几　架

几架也叫几座、底座，是用来陈设盆景的架子，它与景、盆构成统一的艺术整体，是中国盆景不可缺少的重要部分。其材质有各种木质以及竹质、石质、陶瓷、水泥、金属质、塑料等。其中木质的最为常用，其木料有红木、黄杨、楠木、酸枝木、枣木、榆木以及其他木材。从陈设方式上分，有落地式和桌案式，其规格很多，其中落地式的有方桌、圆桌、长桌、琴几、茶几、高几、博古架等款式，桌案式则有方形、长形、圆形、多边形、海棠形、书卷形等款式。此外，有用天然树根、树兜做成的几架；还有把老树的根、干锯截成片状，作为底座，自然朴实，极富天然情趣。对于水旱盆景等用浅盆的盆景，可用4个活动的小架子支起四角，这也是几架的一种形式。

在具体使用时，几架应比盆略大一些，这样才和谐美观。对于用稍浅盆栽种的悬崖式或临水式月季盆景应放在较高的几架上，才能彰显其崖壁之木险峻苍古、势若蟠龙的气势。有时为了整体效果，还可在几架下面铺上竹席或竹帘，以突出其典雅自然的特色。

▲　几架组合

▲ 用老树根做的几架

▲《心香》

▶ 优秀的盆景作品，不仅主题突出，别具匠心，具有沧桑之美和小中见大的身形。其姿、色与盆钵、几架搭配协调，具有“典雅优美，耐人寻味”的艺术效果

岁月如歌似乎本该是历经沧桑者俯拾过往的回味和慨叹，然而在这一树芳华的意境中，表达的是坚忍不拔、勇往向上的生命本质。般红笼罩，透过那几许苍劲中的翠色、几分雄壮中的柔情

《心语花》

▲《花·世界》

▲ 几架、饰草的恰当应用，突出了盆景的自然优美

博古架

博古架主要用于月季小品盆景，尤其是小型或微型盆景的陈列。其外形则有长方形、正方形、圆形、房屋形、亭子形、葫芦形、船形、扇形、月牙形、花朵形、古币形、几何组合形、异形等多种形状，颜色以暗红色、黑色、原木色等质朴自然的色泽为主。材质以木质为主，有红木、黄杨、楠木、酸枝木、枣木、榆木以及其他木材。在使用博古架时，应注意盆景的大小与宝阁大小的搭配，如果盆景过大，会显得局促拥挤，而盆景过小则没有气势。此外，还可在盆景的下面垫一个大小适宜的底座，否则花盆直接摆在博古架上，就像人没穿鞋子，看上去不是那么和谐。

“红英长自倚芳丛”，微型盆景只有在一定的空间范围内，在群体组合之中（博古架）相互映衬，互为烘托，才更富有魅力，单靠一两盆是很难达到最佳观赏效果的。

《集萃》

▲《锦绣》

▲《芬芳》

◀《荟萃》

◀《春韵》

▲ 组合

▲ 组合之妙。“仿佛烟霞生隙地，分明日月在壶天。旁人莫讶胸襟隘，毫发从来立大千”。立意绝妙、造型精美的微型盆景，虽些微于掌上，确有“参天覆地之意。”
如果将同形态、色彩进行合理搭配组合在博古架上，其艺术风韵和魅力，独具一格，极大的迎合了人们的审美生活时尚。微型组合之妙，妙在花草秀木百态塑形之奇绝，妙在几架盆钵制作之精巧，妙在组合搭配呼应之和谐，采自然之精华，行艺术之修为，其“天人合一”绝妙之处，更加赏心悦目

配　件

配件也称摆件、饰件，是指盆景中植物、山石以外的点缀品，包括人物、动物、交通工具、建筑物等。材质则有陶质、瓷质、石质、金属、木质、塑胶等。

配件如果应用得当，能够起到画龙点睛的作用，点明盆景作品的主题，不少盆景的题名就是以配件命名的，像《牧归》《八骏图》《童趣》《对弈》等。其应用原则是少而精，除了点缀盆内，在某种特定的环境中，还可将配件摆放在盆钵之外，以延伸意境，增加表现力。

▲《归舟》

▲ 配件

配件的应用要简洁大方，即“大道至简”。点到为止即可，最忌讳过多过滥。像有的作品在盆面扎上一圈篱笆，篱笆内还要摆上石磨、房屋、辘轳、人物等摆件；有的在盆中堆砌梯田，摆设小路，这样不仅使作品显得匠气，有画蛇添足之感，甚至喧宾夺主，因为观者第一眼看到是这些林林总总的配件，而不是月季盆景的造型艺术。

▲《乡村秀色》

人物 由于盆景多是表现古诗词中的意境，其摆件中的人物也多是身着汉服的古代人物，主要有读书、抚琴、饮酒、下棋对弈的文人雅士以及牧童、樵夫、喝茶的农夫、渔夫等，此外还有仕女、昭君、苏轼、苏武牧羊、太白饮酒、羽扇纶巾的文人等形象。其材质以陶质和瓷质为主，色彩以灰、白、黑、淡绿、灰绿、淡紫等为主，以突出月季盆景的清新自然，避免大红大绿等较为鲜艳的颜色，以防喧宾夺主。摆放时注意摆件的大小与主景的比例和位置，使之与主景和谐。

▲《觅梦》

▲《醉花荫》

▲《举杯邀明月》

牧童盆景

牧童，是田园牧歌生活的象征，也是中国传统文学、艺术作品中常见的题材，不少诗词、绘画、音乐、戏曲等艺术形式都有表现，历史上吕岩（即神话传说中的吕洞宾）、张籍、黄庭坚、袁枚等名人都写过以“牧童”为题材的诗词作品；而绘画、雕塑等艺术品中的牧童形象更是深入人心；现代音乐家贺绿汀也有钢琴曲《牧童短笛》传世；《小放牛》则是京剧以及其他众多地方戏常演的剧目。

在盆景艺术中也有不少表现牧童的作品，这类盆景的造型千姿百态，丛林式、水旱式、单干式、双干式都有。但都摆放一个牧童与牛的配件，以点明主题，营造出诗情画意般的艺术之美。牧童摆件的造型丰富，或骑在牛背作吹笛状，谓之“牧童短笛”；或坐在牛背作悠闲状；或扬鞭奋蹄；有的还头戴斗笠或草帽，顶着一片荷叶；多为单人，偶尔也有双人骑一牛。牛的造型有水牛和旱牛两种，前者无腿，以示卧在水中，旱牛则四蹄分明。还有一种形式，牧童呈坐姿，吹笛，但无牛。

牧童盆景的题名以《牧归》《暮归》《牧歌》《乡趣》《乡情》《岁月如歌》等为主，其风格或清秀典雅，或质朴自然，或情趣盎然，或古朴隽永，但都表现了田园牧歌式生活的恬淡与安稳，人与自然之间的和谐相处，对乡情的依恋与怀念，更体现出对远离城市的喧嚣，安然自乐的乡村生活的向往，唤起人们对已经离我们很远很远的田园生活的一种美好回忆，渴望回归自然，使自己喧腾的心灵得到慰藉。

▲《岁月如歌》

动物

盆景中常用的动物摆件有马、牛、鹿、鸡、鹤、鹅、猴子等，月季盆景中较为常用的是马、鹿等。

马，材质以陶制为主，也有一些微型马是用塑胶或铅制作的。形态有奔马、立马、饮水、卧马等，大小也有很大差异，其大者在15厘米或更大，小者仅有1厘米，以用于不同规格的盆景。颜色以陶制的自然灰色为主（有些会将鬃毛及尾巴作成黑色），兼有棕红、白、黑等颜色。不论什么样的马，都要求造型准确、生动活泼，僵硬呆板、形似标本则不可取。每件盆景可放一匹或数匹，最多可放八匹，谓之《八骏图》。

鸭、鹅、鹤等动物摆件主要用于水旱盆景，鸭的颜色以白色和麻灰色为主，鹅以白色为主，或置于水面或置于岸上，必要时可在岸上再摆放一人物，以增加互动性，作品题名一般为《春江水暖》《羲之墨意》等与之相关的诗词或历史典故。

▲《野趣》

建筑物及其他

盆景中使用的建筑物摆件主要有亭、塔、桥、房屋等，每种又有不同的类型，像房屋就有茅草屋、瓦房、竹楼、水榭等，其大小也有较大的差异。此类摆件多用于水旱盆景、附石式或丛林式等造型以及其他表现大的场景的月季盆景。其他还有舟船、车辆等古时的交通工具。

《家园》

《春色》

题　名

题名是中国盆景的“灵魂”。恰当的题名能够点明盆景的主题，延伸内涵，具体要求是确切，寓意深远，画龙点睛，外在形象与内涵情趣高度概括，令人遐思、引人入胜。字数要简洁明了，不宜过多，一般不超过7个字。内容可从古诗词、典故中选取，也可从盆景的造型、配件中择取。就月季盆景而言，可与花的绚丽多彩相结合，可与春结合，可与配件相结合，可从诗词中寻章摘句，可从禅意中遐思。

以下是月季盆景题名，供参考。

芳华长春、邀月、花好月圆、风雅、文人吟、最是一年春好处、舞风弄影、生命的怒放、心语花、我心飞扬、追求、岁月如歌、红颜礼赞、买笑长安、企盼、华姿竞放、暗香泉中来、彩的绚丽、余韵尤香、自芳、春的旋律、踏歌行、霓裳梦、独遣春光、守望新红、守望者、激昂晚节、淡泊、皈依、觅梦、寻梦、追梦、听禅、华严、花·世界、一花一世界、舍得、心香、归帆入画、怀远、风骨、忆江南、独醉秋山、恪守、花好月圆、春色、壶中春色、锦绣、芬芳、荟萃、天香、竞秀、竞妍、岁月华章、风韵依然、铁骨铮铮、献瑞、芳华依旧、争奇斗艳、濯雨凭风、栉风沐雨、风流、异色氤氲、听香、思香、意趣盎然、彩的绚丽、色的绽放、根的绚丽、争艳、野趣、醉香图、占尽风华、撑起一片天、竞妍、艳冠群芳、灿烂、浓艳、回眸一笑、春韵、春意盎然。

▲《野趣》

需要指出的是，在引用古诗词作为月季盆景题名时一定要准确，理解原意，切不可生搬硬套，或出现错别字。此外，还有注意语句是否通顺，避免拗口生僻、令人难以明白的题名。

题名虽然能够起到画龙点睛、点明主题的作用，但也在一定范围内禁锢了观者的想象空间，使之只能按照作品的题名欣赏。因此，也有人主张盆景不必题名，让观者自己去品味、感悟，充分发挥其想象力，体会盆景艺术的内涵。

《花好月圆》

花好月圆是爱的完美和结果，是千百年的憧憬和期盼，是美好生活的极致，是最美的炫丽，装扮着我们的今天、明天……

《我心飞扬》

放飞思绪的羽翼，于蓝天碧野之间穿梭；于青山绿水之上驰骋，寻觅自然的气息；清远嘹亮穿越时空的璇韵，又见玲珑蹁跹的舞姿……几枝新花，绽放着思念的诗篇……

▲《我心飞扬》　▲《花好月圆》

▲《守望》

▲《壶中春色》

▲《归舟》

意 境

意境一词出于唐译佛经，是个美学词语。“意”是情与理的统一，“境”是形与神的统一。在两个统一过程中，情理、形神相互渗透，相互制约，就形成了“意境”。意境指作品中所呈现的那种情景交融、虚实相生的形象系统，及其所诱发和开拓的审美想象空间。

中国盆景最大的特点就是对意境的营造，这是盆景的内在生命。意境的好坏是品评作品优劣的重要标准。其意境的创造，要仔细推敲，酝酿主题，能够达到景中有情，使人们在欣赏盆景时，不仅看到了盆中美景，而且通过观景激发感情，因景而产生联想，从而可以领受到景外的意境，达到景有尽而意无穷的境界，即“见景生情，触（感触）景生情”“天人合一”“物我两忘”是其最高境界。

营造意境可以通过换盆、改变植物的造型（如把旱盆盆景改为水旱式等），点缀些的小石头、摆件等方式进行。无论何种方法都要求作者有较高的艺术修养，了解中国古典诗词及绘画等艺术门类对意境的营造，以使盆景作品意境优美，富有诗情画意。就月季盆景而言，同一件作品在不同的环境下所表现的意境也不同。

需要指出的是，意境是盆景鉴赏的标准之一，但不是唯一的标准，不能给盆景强行加上一种意境来衬托。优秀的盆景作品，是自然美和艺术美的和谐统一，如此才能延伸出优美意境。如果是很一般化的作品，即便是取了一个很有诗情画意的名字，也不会成为艺术珍品，更不要根据其题名去联想某种意境。总之，意境应该是在月季盆景构图、造型完美之后所延伸出来的，是观赏者自行体会出来的，而不是制作者强行赋予的。

▲《企盼》

《绿之韵》

《对弈》

《湖中春色》

▲《华严》。华严境界是寥廓无碍、庄严无比的胜境。《华严经》认为这个世界无所谓缺陷。缺陷也是美。这个世界至真、至善、至美，是“处处皆佛，人人皆佛”的“一真法界”。这就是诠释现代世界的华严境界。

漫长、平淡、默默，累积了春华，孕育了秋实，铺垫了高潮，绽放了惊喜。

时间的涓涓流水带走了辉煌与无奈；岁月的曼妙之手镌刻了历程的荣光和沧桑。凝望老树枝头，为那生命的傲然与执着生出崇敬，为那曾经和等待的绚丽喝彩！

动人的美，不在于时时刻刻，因漫长的等待而更动人

陈列观赏

盆景是供人们观赏的、有生命的艺术品。一件优秀的月季盆景，只有在一定环境的衬托下，才能展示出其“如诗如画”般的魅力。这就需要有个好的背景和几架的衬托，还可与小屏风、小桌椅、山石或其他小型植物等小饰物组成一个小景观。这些小饰物多摆放于盆景旁侧，与之形成大小、高低、主次的对比，能够突出主题，营造氛围。无论什么样的陪衬物都要求自然清雅，使之与盆景的整体格调协调。

▲《雅趣》

▲《野趣》

▲《小憩》

▲《集萃》

背景

观赏月季盆景最好要有背景的衬托，大多数盆景展都有专用的背景板（也有用纯白色的墙作背景）。良好的背景能够遮掩杂物，突出主体，背景色要求素雅纯净，以白色最为常用，犹如在白纸上作画，简洁干净。还可在上面画上淡淡的写意山水画，犹如将盆景置于山水之中，极富诗情画意，需要指出的是背景上的画要素雅自然，切不可浓墨重彩；还有人喜欢在背景墙上悬挂书法、国画，乃至摄影作品，以彰显盆景的诗情画意，增加文化内涵。但所悬挂的作品要求淡雅，也不要过多过大，以免杂乱无章，喧宾夺主，影响盆景意境的表现。其他如淡蓝、浅灰等颜色也可使用；黑色背景虽然在摄影拍照时很能突出主体，但在实际观赏中过于沉重压抑，故国内很少采用；而红色、黄色、橙色等暖色调背景过于抢眼，很容易将观赏者的视线引到背景色上，有时还会与月季的花色相同，而且这些颜色还会反射到盆景上，造成视觉上的偏色（拍照时尤为显著）；绿色背景与植物的绿叶接近，这些背景都不宜使用。

为了突出盆景作品的雅洁，还可在摆放盆景的台案、桌子上铺上竹席等物品。

▲《余韵犹香》。花虽落，香依旧，余香袅袅令人回味

▲《花开花落》。白色的背景，典雅的竹席，更能突出花儿的娇艳

▲《壶中春色》。书法与盆景相得益彰，颇具东方传统文化特色。二者搭配应相互辉映，不可重叠交叉，否则会显得杂乱

饰草

是指一些富有装饰性的草本植物，也可衍生为其他装饰性植物的统称。为了提升展示效果，增强趣味性，常用饰草配景，将其放在主树下面（在日本，山野草又称“下草”，即树下之草），以展示盆景所要表达的自然风情和山野逸趣。常用的种类有石菖蒲、玉龙草、天胡荽、小叶冷水花、酢浆草、苔藓等。

赏析《心香》

心香淡酌烟霞伴，不向春风怨别离。

我在等待中品味你那份微醉的熏香突然绽放，希望独自收藏你醒来的那份馨香。采一缕恍然间翩舞的思绪，轻啜品味；静美如一叶幽香，虔诚若心香朝佛。

▲《意趣盎然》　　▲《心香》

赏析

花·世界

“一花一世界，一叶一菩提”。这个世界上的每一件物体，都包含着尘世的因果，自始至终贯穿宇宙。时间烦恼皆来自“占有”“控制”“欲望”。摈弃杂念，用真诚的爱来对待自己和身边的一切，生命便能如同花朵般的灿烂而又脱俗。

也许我们不能如圣人先贤那样从一朵花里看懂一个世界，但是努力从细微之处检阅自己。“积极、客观、向上”则是我辈本应“朝奉”的“时尚真佛”。

▲《雅趣》　▲《独秀》

▲《花之韵》　▲ 绿的组合

赏石

即盆景旁边摆放的观赏石，要求朴拙自然，色彩不宜过于鲜艳。既可单独置于几座上，置于盆景旁，也可与摆件、饰草等组成一定的景观，摆放在盆景的一侧，与盆景成为一个有机的整体。

需要指出的是，月季是喜光类植物，其盆景不宜在室内长期陈列观赏。可在开花时拿到室内欣赏，花凋谢后立即拿到室外，接受阳光的沐浴，大自然的洗礼，使其健壮生长。

▲ 月季盆景

▲《春色》

◀ 月季微型盆景

▲《春意盎然》

月季盆景制作与养护

【影像篇】

月季盆景摄影谈

摄影，是保存盆景资料常用的方式。随着岁月的流逝，有不少盆景的实物已经不在了，即便在，也是物是人非。对于以观花为主、生长速度较快、观赏期较短的月季盆景更是如此。如果在其最具风采的时候，拍摄照片，则能够化瞬间为永恒，将其最美的瞬间定格下来，使之成为永久的艺术品。此外，对于自己的盆景，还可从照片中找出不足，加以改进，使作品更加完美。

摄影器材

拍摄月季盆景，对摄影器材的要求并不太高，数码相机、手机都能使用，近年来随着科技的发展，手机的拍照功能日趋完美，不论是照片的清晰度还是色彩还原都达到了较高的水平，并具有携带、使用方便等优点，已成为拍摄盆景的主要器材。如果有一台单反照像机则效果更好，相对手机而言，所拍出照片的层次感、质感更为丰富，色彩饱和、细腻程度也都比手机好很多，通过在电脑上将照片放大后对比，可以明显地看到高像素手机拍的照片画质比不过低像素单反相机拍的照片。这是因为照片的画质不仅与像素有关系，而且还与传感器的大小有着极大关系，传感器的大小直接决定着画质的优劣。而单反相机的传感器大小是手机的数倍，其成像质量更佳。拍摄月季盆景对相机的像素要求也不是很高，像素800万（最大分辨率3624×2448，JPG格式保存的照片在4M以上）

◀《素雅》

左右的相机即可。如果像素太高，照片占用的储存卡或电脑硬盘空间太大，反而造成无谓的浪费。所配镜头焦距的可在18~135毫米（本人常用的是一只18~70毫米、70~300毫米的两只变焦镜头）。

▲《余香》

拍摄时诸如对焦、曝光等技术问题可由相机或手机自动处理，本人常用光圈优先模式拍摄，把光圈设定在F8（这是大多数相机镜头的最佳光圈，成像质量较高），快门速度由相机根据现场光线自动调节。需要指出的是，在保证手持相机稳定的快门速度下，应尽量选用小的感光度（ISO），以使照片颗粒细腻，层次丰富，色彩饱满。

如果有条件，可配备三脚架、快门线等，以在光线较暗的环境中拍摄时，起到稳定相机的作用。而反光板的应用，可以补充暗部的光，降低光比。这些措施可使照片画质清晰，颗粒细腻。

背景选择

合适的背景布是必不可少的，其要求平展，质地轻柔，不使用时可折叠放在包里，折叠后不留下痕迹，无污迹，色彩淡雅，颜色以白、浅灰、浅蓝、黑等为佳，其中白色或黑色使用的最多，此外还有人用从黑色到灰色的渐变色作背景，此类背景多在摄影棚内通过人工布光获得，一般是上部颜色较深，下部颜色较浅。而红、黄、橙、紫、深蓝等色的背景过于鲜艳，有喧宾夺主之感，而且这些颜色还会反射到植物或盆器上，使照片偏色，因此不宜使用；绿色，与月季的新枝和叶子颜色接近，也不宜采用。选择背景时还要注意，如果是白花品种的月季盆景应选择深色背景，使背景的颜色要与主体盆景的颜色有所区别。此外，用干净的白墙做背景效果也不错。使用浅色背景时，盆景或其他杂物的阴影尽量不要投射到背景上（可通过调整盆景与背景之间的距离、位置等方法等实现），以得到纯色背景。需要指出的是，白色背景拍出的照片不一定是白色，如果光线照射到植物上，背景就会因曝光不足而呈灰色。

在拍摄单盆月季微型盆景时，可以用长焦距镜头或大光圈将背景虚化；也可用淡雅的国画作背景，以突出中国传统文化特色。总之，背景要简洁，自然以突出主体。

拍摄时机

月季的花期虽然很长，但以初夏的第一茬花开的得最好。因此，其盆景的拍摄时机以春夏之交的初夏的盛花期为最佳。此外，春季萌芽时，满树的红芽红芽清新动人，彰显出生命力的旺盛，甚至冬日落叶后虬曲苍劲的枝干，夏秋季节花谢后的绿叶成荫，都可拍摄。拍摄前应对盆景做适当修剪整形，剪除影响树形的枝、芽，根据需要在盆面摆上配件、奇石等，用水洗去枝叶上的尘土，用洁净的布将花盆擦干净，使其自然干净，没有水痕或其他杂物。

月季，不是专业盆景展览中的常客，一般出现在月季花展或综合性的花卉展览中。而作为展会展品的月季盆景是不让随意搬动的，应尽量用原有的环境进行拍摄，可用颜色纯净的展板或纯色的布作背景。若光位不适宜拍摄，可等待一段时间再拍摄。总之，既不要搬动参展作品，又要拍好照片。对于盆面插有标识牌子和树上因获奖而悬挂的大红花，也要尽量去掉。

▲《独秀》

▲《掌上风光》

光线及角度

拍摄月季盆景多采用自然光（当然，若能够布置个小型摄影棚，进行人工布光，效果更佳），室内室外皆可进行，时间以薄云遮日的多云天为佳，此时光线明亮，反差小，能够表现植物的细部；天气晴朗时拍摄要注意阳光的均匀性，避免光比过大，否则会造成高光部分曝光过度，阴影部分曝光不足，使亮部“死白”，暗部发黑，没有中间层次；阴天及小雨天的散射光自然柔和，背景上无阴影，也可以进行拍摄。

拍摄的光位可用侧光、侧逆光、散射光，尽量少用顺光（正面光）和闪光灯，否则画面发白，缺乏层次，而且还会在背景布上产生阴影。逆光、顶光能够很好地表现盆景的轮廓，但其光比过大，会导致主体曝光不足，画面晦暗，不能表现其细节，可用反光板等设施进行补光，并注意不要让阳光照射到镜头上，以免在画面上形成“光晕”（俗称鬼影）。

拍摄时要根据盆景的造型选择角度，对于大多数作品来讲都要一个主要观赏面（俗称“脸”），这是拍摄的最佳角度。当然也不排除某些盆景具有多个观赏面，因此，拍摄时要注意左右、前后的位置，既可从正面拍摄，也可从侧面拍摄，甚至从后面拍摄。并注意照相机的高低位置，一般来讲，普通的树桩盆景可用平视或稍低的角度拍摄，以表现树木的高大；悬崖式盆景则适宜用仰视的角度拍摄。构图时应根据盆景的造型选择横幅或竖幅。其整体与局部的取舍要根据表现的内容不同进行，如果是表现盆景的整体造型，不但把植物、山石等主体部分拍全，还要将花盆、几架拍上，以表现作品的完整性；如果是为了表现细节，作为研究资料保存，也可拍摄盆景的枝、干、根等局部以及有缺陷或不足的部位，甚至盆面的石块、坡角的布局，配件的摆放位置等。还有人喜欢将盆景的配件作为主体，辅以枝干、盆面的苔藓、点石等，俨然是一幅清新雅致的自然小景，很有趣味。对于一些月季微型盆景，还可用手托着拍照，以衬托其玲珑精致。此外，还要注意盆景线条的横平竖直，不要让人觉得盆景是斜的、歪的。总之，要调动一切摄影手段，把盆景最美的一面表现出来。

资料保存

拍好的月季盆景照片最好输入电脑保存，有条件的话，还可在移动硬盘里备份原图，不要长期储存在相机或手机里。还可用软件对照片进行后期处理，裁掉多余的部分，去掉背景上的斑点或其他不尽如人意之处，对照片的色彩、亮度、对比度也要进行调整，使其背景纯净，主题突出，更加完美。无论作什么样的处理，都一定要保留原照片，以免处理失误或其他原因照片损毁，造成不可逆转的损失。

▲《春韵》

▲《独醉秋山》

▲《玉洁》

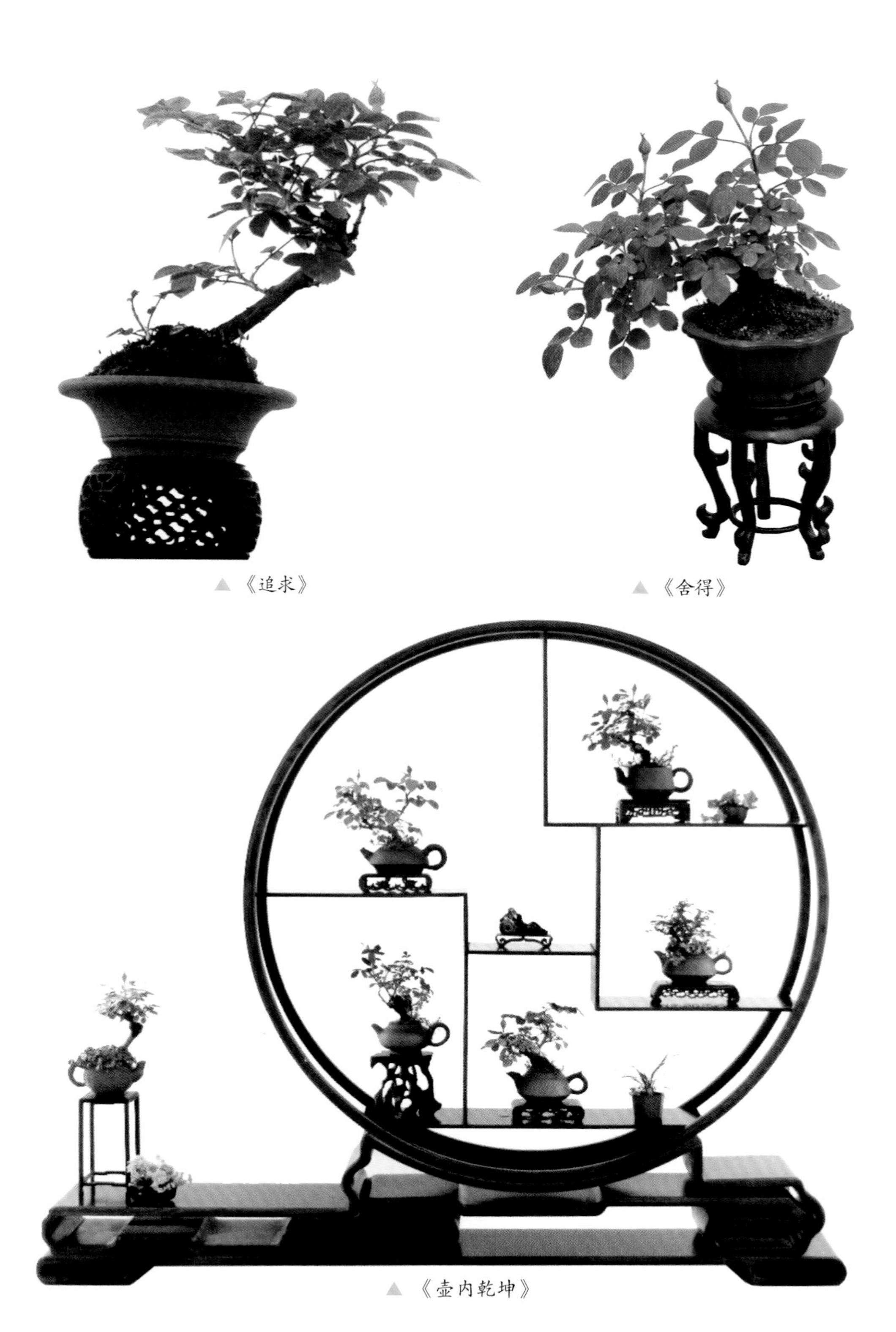

▲《追求》

▲《舍得》

▲《壶内乾坤》

舍得

舍得是一种抉择、一种美德，就像天空舍弃了阳光收获了繁星，就像大树失去了花朵收获了果实；舍得，是一种精神、一种领悟、更是一种智慧，生命之舟载不了太多的欲望，只有轻装才能远航；舍得是一种理智、更是一种豁达：有舍才有得，有付出就有收获。

以舍为得，有舍有得，敢舍敢得，不舍不得，小舍小得，大舍大得，舍得之间彰显智慧。

参考文献

兑宝峰，2019. 树桩盆景造型与养护宝典[M]. 北京：中国林业出版社.

兑宝峰，2018. 盆艺小品[M]. 福州：福建科学技术出版社.

兑宝峰，2017. 掌上大自然——小微盆景的制作与欣赏[M]. 福州：福建科学技术出版社.

兑宝峰，2016. 盆景制作与赏析——观花观果篇[M]. 福州：福建科学技术出版社.

马文其，2016. 观花盆景制作与养护[M].北京：中国林业出版社.

孟庆海，2016. 赏月季　玩月季　在线问答100[M]. 北京：中国林业出版社.

王小军，2012. 月季盆景[M]. 北京：中国农业出版社.

张风仪，张晨，2018. 月季栽培口诀与图说[M]. 北京：中国林业出版社.

欢迎订阅盆景系列图书

HUANYING DINGYUE PENJING XILIE TUSHU

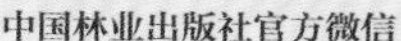

中国林业出版社官方微信　　中国林业出版社天猫旗舰店

扫描二维码了解更多系列图书

投稿及购书电话：010-83143566